高等学校电子技术类"十三五"规划教材

电子科学与技术专业实验

主编　杨　威

参编　刘　鑫　李兵斌　韩　亮

U0379723

西安电子科技大学出版社

内 容 简 介

本书是高等院校光电技术类本科专业"专业基础实验"和"专业实验"课程的配套教材。全书共包含 28 个实验项目,内容涉及基础光学、激光技术、光电探测与测量、光纤技术、三维显示等,涵盖了应用光学、物理光学、红外物理、激光原理等基础理论知识。

本书内容与专业理论知识联系紧密,涉及的专业知识面广,实用性强,突出了对学生实际动手能力和工程实践能力的培养。每个实验项目都包括实验目的、实验原理、实验仪器、实验内容及步骤、数据处理、思考与讨论以及参考文献,既易于教师组织教学,也便于学生自学。

本书可作为光电信息科学与工程、电子科学与技术等本科专业的光电技术实验教材,也可作为电子与信息工程类专业、物理类等本科专业的光电技术实验教材。

图书在版编目(CIP)数据

电子科学与技术专业实验/杨威主编. —西安:西安电子科技大学出版社,2018.1
ISBN 978 - 7 - 5606 - 4814 - 9

Ⅰ. ①电… Ⅱ. ①杨… Ⅲ. ①电子技术—实验—高等
学校—教材 Ⅳ. ①TN-33

中国版本图书馆 CIP 数据核字(2018)第 009958 号

策划编辑 李惠萍
责任编辑 马晓娟
出版发行 西安电子科技大学出版社(西安市太白南路 2 号)
电 话 (029)88242885 88201467　　　　邮 编 710071
网 址 www.xduph.com　　　　电子邮箱 xdupfxb001@163.com
经 销 新华书店
印刷单位 陕西利达印务有限责任公司
版 次 2018 年 2 月第 1 版　　　　2018 年 2 月第 1 次印刷
开 本 787 毫米×1092 毫米　　1/16　　印张 12.5
字 数 294 千字
印 数 2000 册
定 价 20.00 元

ISBN 978 - 7 - 5606 - 4814 - 9/TN
XDUP 5116001 - 1
* * * * * 如有印装问题可调换 * * * * *

前 言
PREFACE

随着国家教育改革的深入推进，各高校对学生的素质教育越来越重视，基于专业理论知识的实验课程是素质教育的重要内容。"纸上得来终觉浅，绝知此事要躬行"，通过开设实验课程，可以让学生加深对理论知识的理解，巩固所学知识，在潜移默化中提高实际动手能力和工程实践能力。实验教学已经成为高等学校培养具有创新意识的高素质工程技术人员的重要环节，是理论联系实际、学以致用、培养学生掌握科学方法和提高学生动手能力的重要平台。

光电技术是二十一世纪发展最为迅速的信息技术之一，它综合了光学、光电子学、激光技术、电子技术、计算机技术等众多学科，有着广泛的工程应用背景。在当前"新工科"建设的背景下，为了培养光电技术相关专业本科生正确运用专业理论知识分析和解决实际工程问题的能力，特编写出版了本书，希望能对当前光电技术相关专业的实践教学环节起到一定的促进作用。

本书共包括28个实验项目，综合了应用光学、物理光学、红外物理、激光原理等基础理论知识，既涉及光学方面的基础实验，也涉及光电技术的综合应用实验。通过这些实验，可以使得学生在巩固专业基础知识的同时，开阔视野，贴近光电技术发展前沿，掌握常用光学仪器、设备的基本工作原理和操作技能，强化工程实践能力，为今后从事相关技术应用和研究工作奠定良好的基础。

本书由杨威主编，参加本书编写工作的还有刘鑫、李兵斌、韩亮等。在编写过程中参考使用了北京杏林睿光科技有限公司等实验仪器厂家所提供的授权资料，吸收了许多兄弟院校的实验资料内容和教学经验，在此一并表示衷心感谢！

由于编者水平有限，书中难免存在疏漏和不足之处，敬请读者批评指正。

编 者
2017 年 12 月

目 录
CONTENTS

实验一 光学系统焦距测量

光学系统是由基本光学元件构成的，其中由折射球面构成的透镜是最常用的光学元件之一。透镜分为会聚透镜和发散透镜两类。典型光学系统多数是由单透镜或胶合透镜构成的共轴球面光学系统。焦距是光学系统的重要性能参量。

本实验以最简单的薄透镜为例，研究光学系统焦距的测量方法。透镜焦距的一般求解方法是通过测量物距与像距来计算，但是此种方法精度不高。自准直法和二次成像法是光学实验中常用的焦距测量方法。

一、实验目的

（1）深刻理解薄透镜的成像规律和光学系统焦距的概念。

（2）掌握自准直法、二次成像法等测量薄透镜焦距的工作原理及数据记录、处理方法。

（3）学习利用光具座进行系统设计、搭建和调节光路的技能。

（4）拓展研究光学系统焦距的其他测量方法。

二、实验原理

1. 薄透镜成像规律验证

在透镜成像中，如果透镜的厚度对于成像的位置和质量影响较小，可以忽略时，这种透镜称为薄透镜。一束平行于正透镜主光轴的光线通过透镜后将会聚于正透镜的主光轴上，会聚点 F' 称为该透镜的焦点，透镜中心 O 到焦点 F' 的距离称为焦距 f'，如图 1.1 所示。同样，一束平行于负透镜主光轴的光线通过透镜后将发散，发散光的延长线与主光轴的交点 F' 称为该透镜的焦点。薄透镜的物方焦点和像方焦点对称地分居在其光心的两侧，即物方焦距和像方焦距的绝对值相等。

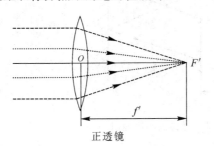

正透镜   负透镜

图 1.1 薄透镜的焦点和焦距

当物体放置在透镜物方空间时，其像方空间一定有对应的像。根据物体到透镜的主面距离不同，相应成像的特点也不同。根据图解法，可以得到正透镜的成像规律，如图 1.2 所示。

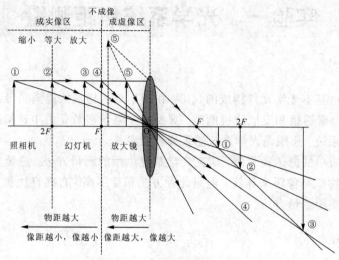

图 1.2　正透镜成像规律示意图

实验时要求所有实验仪器都同轴等高，否则会产生像的大小差异、图形失真和图像平移等影响实验结果的现象。

2. 自准直法测量薄透镜焦距

如图 1.3 所示，若物体 AB 正好处于透镜 L 的物方焦面处，那么物体上各点发出的光经过透镜后，将变成不同方向的平行光，经透镜后方的反射镜 M 把平行光反射回来，反射光经过透镜后，成一倒立的、与原物大小相同的实像 $A'B'$，像 $A'B'$ 位于原物平面处，即成像于该透镜的前焦面上。此时，物与透镜之间的距离就是透镜的焦距 f，它的大小可用刻度尺直接测量出来。

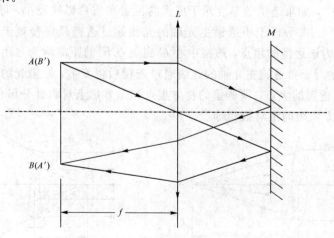

图 1.3　自准直法测量凸透镜焦距原理图

3. 二次成像法测量薄透镜焦距

如图 1.4 所示，物体与像屏之间的距离 l 大于 4 倍凸透镜焦距 f，并保持 l 不变，沿光轴方向移动透镜，则在像屏上必能两次成像。当透镜在位置 L 时将出现一个放大的清晰的像；当透镜在虚线位置时，屏上又将出现一个缩小的清晰的像。透镜两位置之间的距离的绝对值为 d。运用物像的共轭对称性质，可以证明：

$$f' = \frac{l^2 - d^2}{4l} \tag{1-1}$$

式(1-1)表明，只要测出 d 和 l，就可以算出 f'。由于是通过透镜两次成像而求得的 f'，因此这种方法称为二次成像法或贝塞尔法。这种方法不需要考虑透镜本身的厚度，因此用这种方法测出的焦距一般较为准确。

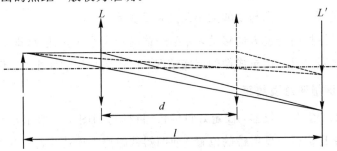

图 1.4　二次成像法测量透镜焦距原理图

三、实验仪器

本实验所用仪器包括：白色 LED 光源、毛玻璃、目标板、凸透镜（Φ：40 mm，f：150 mm）、加强铝反射镜、白屏（带刻线）、干板夹、光具座、支架、支架杆。

四、实验内容及步骤

1. 薄透镜成像规律验证

（1）按照图 1.5 安装各仪器，其中物为目标板，将其固定在无限远与二倍物方焦距之间（$2f < l < \infty$）。凸透镜移至两倍焦距以外固定。移动白屏，直到出现一个清晰的像时，记录物距 l、物高 y、像距 l_1、像高 y_1，并比较物距与像距的大小、物与像的大小、物与像的正倒关系。

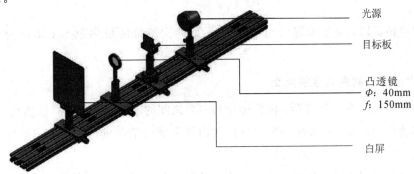

光源

目标板

凸透镜
Φ：40mm
f：150mm

白屏

图 1.5　薄透镜成像规律验证装配图

（2）把目标板向透镜方向移动，使 $l=2f$ 时，移动白屏，使白屏上出现清晰的像。记录物距 l、物高 y、像距 l_1、像高 y_1，并比较物距与像距的大小、物与像的大小、物与像的正倒关系。

（3）继续把目标板向透镜方向移动，使其在距透镜 $f\sim 2f$ 之间时，移动白屏使其上出现清晰的像。测量物距 l、物高 y、像距 l_1、像高 y_1，并比较物距与像距的大小、物与像的大小、物与像的正倒关系。

（4）继续把目标板向透镜方向移动，使 l 在靠近透镜焦距时通过透镜观察像的变化。记录成像的虚实情况，比较像与物的大小及其正倒关系。

（5）继续将目标板向透镜方向移动，在距透镜的距离小于焦距 f（即 $0<l<f$）时用眼睛通过透镜观察像的变化。记录成像的虚实情况，比较像与物的大小、正倒关系。

2. 自准直法测量薄透镜焦距

（1）按照图 1.6 安装各仪器，固定好目标板（目标物如图 1.6 所示）与反射镜，估算待测透镜焦距，调整目标板与反射镜的位置，使两器件距离大于待测透镜焦距。

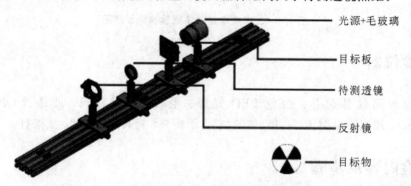

光源+毛玻璃

目标板

待测透镜

反射镜

目标物

图 1.6　自准直法测量透镜焦距光路装配图

（2）在目标板后放置待测透镜，并调整待测透镜与物体位置，使得反射光通过待测透镜打到目标板上，形成倒立的像。前后移动反射镜时，要求目标板上所成像的大小不变，即形成等大倒立的像。若不满足，则继续调整待测透镜。

（3）记录此时待测透镜与目标板的位置，分别为 a_1、a_2，则待测透镜的焦距为 $f=a_2-a_1$。

（4）把透镜翻转，重复步骤（2）、（3），然后取两次测量所得焦距的平均值为该透镜的焦距。

3. 二次成像法测量薄透镜焦距

（1）按照图 1.7 安装各仪器，使目标板与白屏之间的距离尽可能大，以达到 $l>4f'$。

（2）移动待测透镜，使被照亮的目标板在白屏上成　清晰的放大像，记录待测透镜的位置 a_1 和目标板与白屏间的距离 l。

（3）再移动待测透镜，直至在像屏上成一清晰的缩小像，记下待测透镜的位置 a_2，若无法两次清晰成像，则增大目标板与白屏之间的距离。

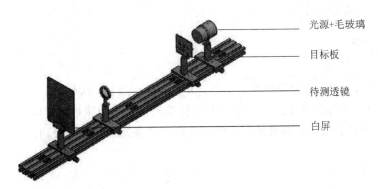

光源+毛玻璃

目标板

待测透镜

白屏

图 1.7　二次成像测量透镜焦距光路装配图

（4）计算 d：

$$d = a_2 - a_1 \tag{1-2}$$

并将之带入式（1-1）中计算透镜焦距 f。

（5）改变目标板与白屏间的距离，重复三次实验，计算焦距，取平均值。

五、数据处理

（1）进行薄透镜成像规律验证。验证见表 1.1。

表 1.1　薄透镜成像规律验证结果表

物距（u）与 焦距（f）的关系	像距（v）与焦距（f） 或物距（u）的关系	同侧或异侧	正倒	大小	虚实
$u > 2f$	$f < v < 2f$				
$u = 2f$	$v = 2f$				
$f < u < 2f$	$v > 2f$				
$u = f$	不成像	不成像	不成像	不成像	不成像
$u < f$	$v > u$				

（2）用自准直法测量薄透镜焦距。

（3）用二次成像法测量薄透镜焦距。

六、思考与讨论

（1）根据二次成像法，证明 $f' = \dfrac{l^2 - d^2}{4l}$。

（2）分析实验中误差产生的原因。

七、参考文献

［1］沈常宇，金尚忠.光学原理.北京：清华大学出版社，2013.

［2］崔宏滨.光学基础教程.北京：中国科学技术大学出版社，2013.

［3］几何光学基础实验装置使用说明.北京杏林睿光科技有限公司.

实验二 平行光管的使用及光学系统景深测量

平行光管是一种能够产生平行光束的光学仪器，它是装校、调整光学仪器的重要工具，也是光学度量仪器中的重要组成部分。平行光管与其他仪器配合使用，可观察、瞄准无穷远目标，测量光学系统参数以及评定和检测光学系统的成像质量等。

对于光学系统来说，理论上，只有共轭的物平面才能在像平面上成清晰像，其他物点所成的像均为弥散斑。但是当弥散斑小于一定程度时，仍可认为是一个点，即认为所成像点是清晰的。我们把在景像平面上能够成"清晰"像的空间深度称为光学系统的景深。不同用途的光学仪器对景深的要求也有所不同。

本实验主要是为了了解平行光管的原理并通过对共轴球面光学系统（透镜组）的景深进行测量来熟悉平行光管的使用。

一、实验目的

（1）了解平行光管的工作原理，理解光学系统景深的概念。

（2）掌握利用光具座设计、调节、测量透镜组景深及数据记录、处理的方法。

（3）学习利用光具座进行系统设计、搭建和调节光路的技能。

（4）拓展研究平行光管在光学测量中的应用。

二、实验原理

1. 平行光管

根据几何光学原理，无限远处的物体经过透镜后将成像在焦平面上；反之，从透镜焦平面上发出的光线经透镜后将成为一束平行光。如果将一个物体放在透镜的焦平面上，那么它将在无限远处成像。

平行光管就是以上述原理为基础的光学部件。图 2.1 所示为平行光管的结构原理图，

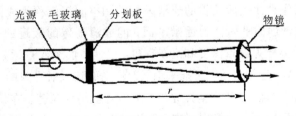

图 2.1 平行光管的结构原理图

它由物镜、分划板、光源以及为使分划板被均匀照亮而设置的毛玻璃组成。其中分划板置于物镜的焦平面上，因此，当光源照亮分划板时，分划板上每一点发出的光经过透镜后，都成为一束平行光。又由于分划板上有根据需要而刻成的分划线或图案，这些刻线或图案将成像在无穷远处。这样，对观察者来说，分划板又相当于一个无限远距离的目标。

根据使用要求的不同，分划板上可以刻画不同的图案。图2.2是几种常见的分划板图案形式，其中图2.2（a）是刻有"十"字线的分划板，常用于仪器光轴的校正；图2.2（b）是带角度的分划板，常用在角度测量上；图2.2（c）被称为星点板，是中心有一个小孔的分划板；图2.2（d）是一种鉴别率板，它用于检验光学系统的成像质量；图2.2（e）被称为玻罗板（也叫多缝板），即分划板上刻有几组一定间隔的线条，每组线条都成中心对称，并且实际间距为已知（本图中的间距依次为2 mm、4 mm、10 mm、15 mm、18 mm），常用它来测量透镜的景深或焦距。

平行光管的焦距通常为已知条件，一般贴于镜筒上。

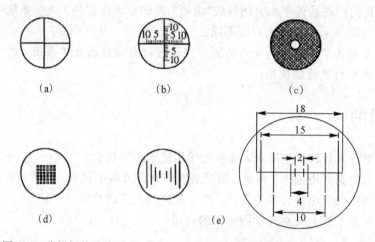

图2.2　分划板的几种形式（其中图（e）右图为玻罗板的放大像及刻线间距）

2. 光学系统的景深及测量

对于光学系统来说，理论上，只有共轭的物平面才能在像平面上成清晰像，其他物点所成的像均为弥散斑。实际中，任何光能接收器都是不完善的。物体经过光学系统所成的像需要用探测器或眼睛来接收。当成像光斑对眼睛（或探测器）的张角小于眼睛（或探测器）的最小分辨角（人眼角分辨率约为1'）时，眼睛（或探测器）看起来仍为一点。此时，该弥散斑可认为是空间点在平面上的像。因此，根据接收器的特性，规定一个允许的数值，当入射光瞳直径为定值时，便可确定成像空间的深度，在此深度范围内的物体对一定的接收器可得清晰图像。在景像平面上所获得的成清晰像的物空间深度称为成像空间的景深，简称景深。能成清晰像的最远的平面称为远景平面；能成清晰像的最近的平面称为近景平面。它们距对准平面的距离称为远景深度和近景深度。显然，景深 Δ 是远景深度 Δ_1 和近景深度 Δ_2 之和，即 $\Delta = \Delta_1 + \Delta_2$。远景平面、对准平面、近景平面到入射光瞳的距离分别以 p_1、p 和 p_2 表示，并以入射光瞳中心点 P 为坐标原点，上述各值均为负值。在像空间对应的共轭面到出射光瞳的距离分别以 p_1'、p' 和 p_2' 表示，并以出射光瞳中心点 p' 为坐标原点，所有这些值均为正值。设入射光瞳直径以 $2a$ 表示，如图2.3所示。

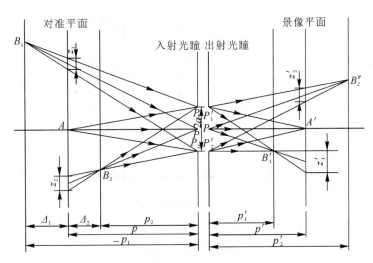

图 2.3 光学系统的景深

设对准平面与景像平面上的弥散斑直径分别为 z_1、z_2 和 z_1'、z_2'，由于两个平面共轭，故有

$$z_1' = \beta z_1 , \quad z_2' = \beta z_2 \tag{2-1}$$

式中，β 为景像平面和对准平面之间的垂轴放大率。由图 2.3 中相似三角形关系可得

$$\frac{z_1}{2a} = \frac{p_1 - p}{p_1} , \quad \frac{z_2}{2a} = \frac{p - p_2}{p_2} \tag{2-2}$$

由此得

$$z_1 = 2a \frac{p_1 - p}{p_1} , \quad z_2 = 2a \frac{p - p_2}{p_2} \tag{2-3}$$

所以

$$z_1' = 2\beta a \frac{p_1 - p}{p_1} , \quad z_2' = 2\beta a \frac{p - p_2}{p_2} \tag{2-4}$$

可见，景像平面上的弥散斑大小除与入射光瞳有关外，还与距离 p_1、p 和 p_2 有关。

弥散斑直径的允许值取决于光学系统的用途。例如一个普通照相物镜，若照片上各点的弥散斑对人眼的张角小于人眼极限分辨角，则可认为图像是清晰的。通常用 ε 表示弥散斑对人眼的极限分辨角。

在极限分辨角确定后，允许的弥散斑大小还与观测距离有关。日常经验表明，当用一只眼睛观察空间的平面像时，观察者会把像平面上自己所熟悉的物体的像投射到空间去，从而产生空间感。但获得空间感觉时，诸物点间相对位置的正确性与眼睛观察物体的距离有关。为了获得正确的空间感觉必须要以适当的距离观察，即应使像上的各点对眼睛的张角与直接观察空间各对应点对眼睛的张角相等，符合这一条件的距离叫作正确透视距离，以 D 表示。为方便起见，以下公式推导不考虑正负号。如图 2.4 所示，眼睛在 R 处，为得到正确的透视，景像平面上像 y' 对点 R 的张角 ω' 应与物空间的共轭物 y 对入射光瞳中心 P 的张角 ω 相等，即

$$\tan\omega = \frac{y}{p} = \tan\omega' = \frac{y'}{D} \tag{2-5}$$

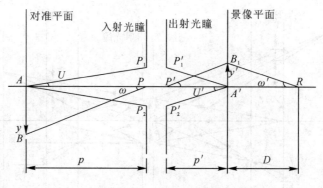

图 2.4 正确透视距离

则得

$$D = \frac{y'}{y}p = \beta p \tag{2-6}$$

所以景像平面上弥散斑直径的允许值为

$$z' = z_1' = z_2' = D\varepsilon = \beta p\varepsilon \tag{2-7}$$

对应于对准平面上弥散斑的允许值为

$$z = z_1 = z_2 = \frac{z'}{\beta} = p\varepsilon \tag{2-8}$$

即相当于从入射光瞳中心来观察对准平面时，其上之弥散斑直径 z_1 和 z_2 对眼睛的张角也不应超过眼睛的极限分辨角 ε。

确定对准平面上弥散斑允许直径以后，由式(2-3)可求得远景和近景到入射光瞳的距离 p_1 和 p_2 为

$$p_1 = \frac{2ap}{2a - z_1} , \ p_2 = \frac{2ap}{2a + z_2} \tag{2-9}$$

由此，可得远景和近景到对准平面的距离，即远景深度 Δ_1 和近景深度 Δ_2 为

$$\Delta_1 = p_1 - p = \frac{pz_1}{2a - z_1} , \ \Delta_2 = p - p_2 = \frac{pz_2}{2a + z_2} \tag{2-10}$$

将 $z_1 = z_2 = p\varepsilon$ 代入式(2-10)，得

$$\Delta_1 = \frac{p^2\varepsilon}{2a - p\varepsilon} , \ \Delta_2 = \frac{p^2\varepsilon}{2a + p\varepsilon} \tag{2-11}$$

由以上可知，当光学系统的入射光瞳直径 $2a$ 和对准平面的位置以及极限分辨角确定后，远景深度 Δ_1 较近景深度 Δ_2 大。

总的成像深度，即景深 Δ 为

$$\Delta = \Delta_1 + \Delta_2 = \frac{4ap^2\varepsilon}{4a^2 - p^2\varepsilon^2} \tag{2-12}$$

若用孔径角 U 取代入射光瞳直径，则由图 2.4 可知它们之间有如下关系：

$$2a = 2p\tan U \tag{2-13}$$

代入式(2-12)得

$$\Delta = \frac{4p\varepsilon\tan U}{4\tan^2 U - \varepsilon^2} \tag{2-14}$$

由式(2-14)可知，入射光瞳的直径越小，即孔径角越小，景深越大。在拍照片时，把光圈缩小可以获得大的空间深度的清晰像，其原因就在于此。

影响景深的因素主要在以下三个方面：

(1) 对像的清晰度要求越低，景深越大；要求越高，景深越小。

(2) 物体的物距越大，景深越大；物距越小，景深也越小。

(3) 焦距越短，景深越大；焦距越长，景深越小。

实验中，用于成像的物体是平行光管里的玻罗板，它是固定不动的，且采用平行光束，所以物空间的深度我们无法直接测量。但是，由于对准平面与景像平面是共轭的，故而我们可以间接去计算像空间的深度。通过改变孔径光阑的大小、透镜组的焦距，从而可以研究光学系统孔径光阑、系统焦距与景深的关系。

三、实验仪器

本实验所用仪器包括：光具座、节点镜头(具体结构及参数参考"光学系统基点测量"实验中的相关内容)、分划板、平行光管(含玻罗板)、可变光阑、支架(若干)、侧推平移台。

四、实验内容及步骤

本实验以两个薄透镜组合构成的节点镜头为被测透镜组进行景深的测量。采用平行光管、节点镜头、可变光阑及分划板作为该实验的主要部件。选取玻罗板作为目标物对成像进行评价。按照图 2.5 摆放该实验装置。

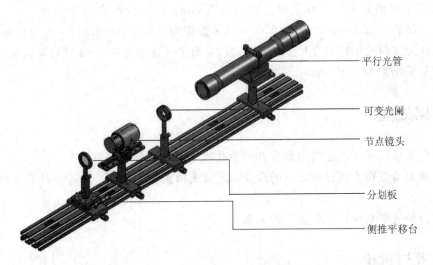

图 2.5 测量实验系统装配图

(1) 将可变光阑贴近节点镜头放置，并将光阑调至最大。

(2) 调整分划板至清晰成像。

(3) 前后移动分划板，找到成像模糊的位置。通过分划板下的侧推平移台前后移动分划板并记录成像模糊的前后两个位置 a_1、a_2。

（4）缩小光阑，重复步骤（3），并将此时成像模糊的位置记录为 b_1、b_2。

（5）计算两次的景深（$A = a_1 - a_2$，$B = b_1 - b_2$）。继续改变可变光阑大小，记录不同光阑大小时的景深并分析孔径光阑与景深的关系。

（6）固定可变光阑孔径大小不变，调节节点镜头两透镜之间的距离，使之最小，重复步骤（2）、（3），记录此时成像模糊的位置 c_1、c_2，并计算此时该系统的焦距与景深（$c = c_1 - c_2$）。

（7）调节节点镜头两透镜之间的光学间距，测量并计算此时该系统的焦距与景深，分析该光学系统焦距与景深的关系。

> **附：侧推平移台千分丝杆读数方法**

在测量景深过程中需要读取侧推平移台上千分丝杆的读数。该实验配备的千分丝杆行程为 25 mm，精度 0.01 mm。螺杆旋转一圈为 0.5 mm。主杆的刻度尺上半部分从 0 mm 开始，每小格 1 mm。下半部分从 0.5 mm 开始，每小格 1 mm。

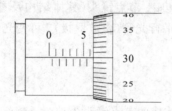

图 2.6　千分尺读数示意图

读数时，先读取主杆上的数值。如图 2.6 所示，主杆读数 6 mm。螺杆边缘没有超过主杆刻度尺上下半部分刻度，因此不需要加 0.5 mm。然后读取螺杆上刻度，$30 \times 0.01 = 0.30$ mm。最后可估读一位"0"。则图 2.6 显示数据为 $6 + 0.30 + 0.000 = 6.300$ mm。若图 2.6 的螺杆边缘超过主杆刻度尺下半部分刻度，则主杆读数为 6.5 mm。后面读数方法与前述一致。最后结果为 6.800 mm。

五、数据处理

（1）记录不同光阑大小时的景深并分析孔径光阑与景深的关系。

（2）调节节点镜头两透镜之间的距离，记录成像模糊的位置 c_1、c_2，计算系统的焦距与景深 c。

（3）分析光学系统焦距与景深的关系。

六、思考与讨论

（1）分析实验中误差产生的原因。

（2）根据测量结果，讨论景深与影响因素（如光阑大小、镜头焦距及拍摄距离等）之间的关系。

七、参考文献

［1］石顺祥，王学恩，马琳．物理光学与应用光学．西安：西安电子科技大学出版社，2014．

［2］几何光学基础实验装置使用说明．北京杏林睿光科技有限公司．

［3］莫绪涛，刘文耀，王晋疆．大景深光学成像系统关键技术的研究．光电工程，2007 (12)：129 – 133．

实验三 光学系统基点测量

对于一个共轴光学系统，其在近轴区的物像关系符合高斯光学的相关理论。在高斯光学中，可以用一些特殊的点和面来表示一个光学系统的成像性质，而不涉及该光学系统的结构。这些特殊的点和面就是光学系统的基点和基面。根据基点和基面就能够确定其他任意点的物像关系，从而使成像过程变得简单。典型的光学系统为共轴球面光学系统，它有六个基点，分别是两个焦点 F、F'，两个主点 H、H' 和两个节点 J、J'。对应的基面分别是焦平面、主平面和节平面。

本实验主要利用平行光管对共轴球面光学系统（透镜组）的基点位置进行测量。

一、实验目的

（1）深刻理解光学系统基点的概念。
（2）掌握利用光具座设计、调节、测量透镜组基点及数据记录、处理方法。
（3）学习利用光具座进行系统设计、搭建和调节光路的技能。
（4）拓展研究复杂光学系统的基点测量方法。

二、实验原理

1. 基点和基面

1）焦点和焦面

一个实际的高斯光学系统通常有两个焦点，即物方焦点和像方焦点。相应的有两个焦平面，即物方焦平面和像方焦平面。平行于系统光轴的光线入射系统，光线会交于光轴上一点（设为 F'），则 F' 为物方无限远处轴上点所成的像，我们称 F' 点为光学系统的像方焦点（或后焦点、第二焦点），过像方焦点 F' 作一个垂直于光轴的平面即为像方焦平面。物方无限远轴外点发出的倾斜于光轴的平行光束，经过系统后必定会交于像方焦平面上一点。

同理，在系统光轴上也可以找到一个具体的位置点 F，从 F 点发出的光经过系统后均为平行于光轴的光，该点 F 即为物方焦点（或称为前焦点、第一焦点），过物方焦点 F 作垂直于光轴的平面称为物方焦平面，它与像方无限远处的垂轴平面相共轭，物方焦平面上的任一点发出的光束经光学系统后均以平行光射出。

2）主点和主面

在光学系统中，垂轴放大率 β 不是一个定值，它随物体位置的变化而变化，但总可以找到这样一个位置，在该位置处这对共轭面的垂轴放大率 $\beta = +1$，我们称这对共轭面为主平面，位于物方的主平面称为物方主平面，位于像方的主平面称为像方主平面。主平面与光轴的交点称为主点，物方主平面与光轴的交点称为物方主点 H，像方主平面与光轴的交点称为像方主点 H'。如图 3.1 中的 MH 和 $M'H'$ 就分别是物方主平面和像方主平面。

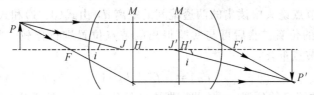

图 3.1 透镜组光路示意图

3）节点和节平面

除了主点和焦点之外在实际应用中还存在另外一对共轭点，那就是节点。节点是指角放大率 $\gamma = +1$ 的一对共轭点，物方节点用字母 J 表示，像方节点用字母 J' 表示。入射光线（或其延长线）通过节点 J 时，出射光线（或其延长线）必通过节点 J'，并与入射光线平行，如图 3.1 所示。过节点垂直于主光轴的平面分别称为节平面。当共轴球面系统处于同一媒质时，两主点分别与两节点重合。

综上所述，薄透镜的两主点和节点与透镜的光心重合，而共轴球面系统两主点和节点的位置，将随各组合透镜或折射面的焦距和系统的空间特性而异。实际使用透镜组时，多数场合透镜组两边都是空气，物方和像方介质的折射率相等，此时节点和主点重合。

2. 透镜组节点的测量原理

设有一束平行光入射于由两片薄透镜组成的透镜组，透镜组与平行光束共轴，光线通过透镜组后，会聚于白屏上的 Q 点，如图 3.2 所示。此 Q 点即为光组的像方焦点 F'。此时，以经过节点且垂直于平行光的某一方向为轴，将光具组转动一个小的角度，如图 3.3 所示，并且回转轴恰好通过光具组的第二节点 J'。由节点的性质可知入射第一节点 J 的光线必从第二节点 J' 射出，而且出射光平行于入射光。现在 J' 点未动，入射光方向未变，因此通过光具组的光束，仍然会聚于焦平面上的 Q 点，即像点位置不动。但是此时光具组的像方焦点 F' 已离开 Q 点。因此严格来说，回转后像的清晰度稍差。

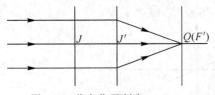

图 3.2 节点位置判定

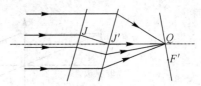

图 3.3 回转轴通过光具组节点

3. 透镜组主点的获得

本实验以两个薄透镜组合为例，通过验证节点跟主点重合来获得主点的位置，并通过计算获得透镜组的焦距。

双光组组合是光组组合中最常遇到的组合，也是最基本的组合，如图 3.4 所示。L 和 S 为待测透镜组中的两个镜头，它们的焦距分别为 f_1、f_1' 和 f_2、f_2'，透镜 L 主点（节点）为 H_1、H_1'（J_1、J_1'），像方焦点为 F_1'，透镜 S 主点（节点）为 H_2、H_2'（J_2、J_2'），像方焦点为 F_2'，两光组光学间隔为 Δ。则

$$x_H' = \frac{f_2'(f_1' - f_2)}{\Delta} \tag{3-1}$$

$$\Delta = d - f_1' + f_2 \qquad (3-2)$$

式中，Δ 为透镜组的光学间隔。x_H' 是 L-S 透镜组 S 透镜后焦点到系统像方主点的距离。所以，可以根据在节点镜头中读出的两透镜间的距离 d，由式(3-1)和式(3-2)计算出 x_H'，从而可知像方主点的位置。然后可与实验得出的节点位置进行比较。当满足以下计算式时，可确认主点和节点重合：

$$|x_H'| = |f_2' + L_{b-a}| \qquad (3-3)$$

式中，b 是节点器透镜 S 的位置；a 是节点器支杆的位置；L_{b-a} 是透镜 S 和节点器支杆之间的距离；f_2' 是节点器透镜 S 的焦距。

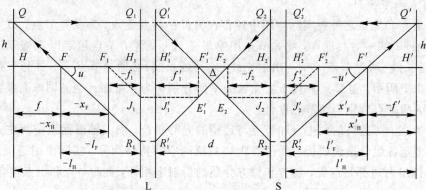

图 3.4　双光组组合光路示意图

4. 透镜组焦距的测量

透镜组的焦距可以通过计算获得，即

$$f = \frac{f_1 f_2}{\Delta} \qquad (3-4)$$

也可以用平行光管法测量透镜组的焦距。光路图如图 3.5 所示，由此光路图容易看出：

$$\tan\varphi_1 = \frac{y}{f_0'}, \quad \tan'\varphi_1 = \frac{y'}{f_x'} \qquad (3-5)$$

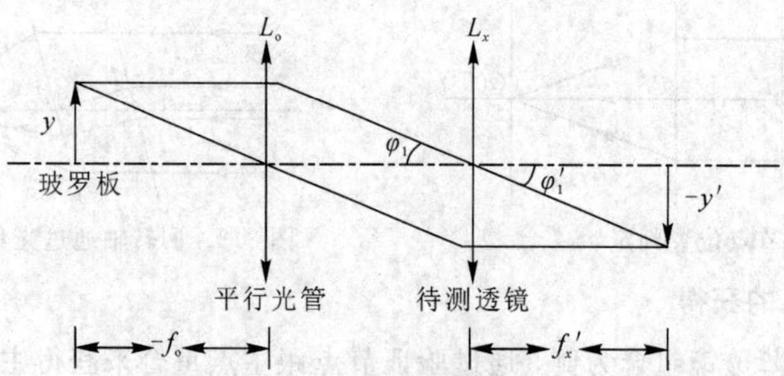

图 3.5　平行光管法测量凸透镜焦距光路图

平行光管射出的是平行光，且通过透镜光心的光线不改变方向，因此 $\varphi_1 = \varphi_1'$，则 $\dfrac{y}{f_0'} = \dfrac{y'}{f_x}$，由此可得

$$f_x = \frac{y'}{y} f_0' \qquad (3-6)$$

其中，f_0'为平行光管物镜焦距；y为玻罗板上选择的线对的长度；y'为用显微目镜读出的玻罗板上线对像的距离。用这种方法测量透镜焦距比较简单，关键是要保证各光学元件等高共轴，且平行光管出射平行光。

三、实验仪器

本实验所用仪器包括：光具座、节点镜头、分划板、平行光管（含玻罗板）、支架（若干）、侧推平移台。

平行光管的结构及相关参数可参考实验二"平行光管的使用及光学系统景深测量"实验中的相关内容。下面主要介绍节点镜头的结构和参数。

节点镜头由两个薄透镜组合构成，其外形如图 3.6 所示。在镜筒外有刻度，节点镜头中有一端透镜(L)固定（焦距 $f_1' = 200$ mm），另一端透镜(S)可以自由移动（焦距 $f_2' = 350$ mm），伸缩镜筒上标有刻度。如果活动的一端透镜朝向标尺板，则偏移量 c 的读取方法如图 3.6(a)所示。此时 $c = 65$ mm，表示从支杆固定的原点到活动一端透镜光心的距离。活动的一端的透镜可以伸缩，可在任意一个刻度上进行读取。图 3.6(b)为节点镜头的内部结构图。则两透镜之间的距离为

$$d = c + 48 \qquad (3-7)$$

当活动镜头全部缩进去时，两透镜间的距离即为 $12 + 48 = 60$ mm。

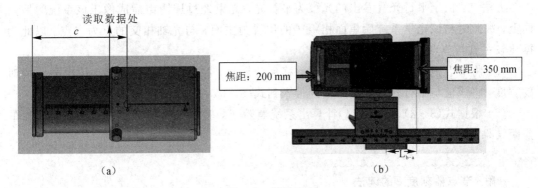

图 3.6 节点镜头

四、实验内容及步骤

本实验以两个薄透镜组合构成的节点镜头作为被测透镜组进行基点和焦距的测量。

采用平行光管、节点镜头、可变光阑及分划板作为该实验的主要部件。选取玻罗板作为目标物对成像进行评价。按照图 3.7 所示装配图摆放该实验装置。

（1）调整各光学元件，使之同轴等高，将节点镜头活动端拉伸到某一位置并固定镜头上端的螺丝。调整可变光阑的口径和位置，以减小渐晕对成像的影响。

（2）借助分划板找到节点器后方清晰像，然后以节点器的支杆为轴旋转节点器，观察分划板上的成像位置是否发生变化。若发生变化，则旋转节点器上的调节旋钮，改变节点器的位置，直至旋转节点器时，分划板上的成像位置不会发生改变，此时支杆的位置就是

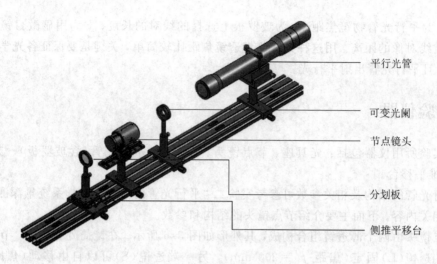

图 3.7　测量实验系统装配图

节点器节点所在的位置。记录节点器支杆的位置 a、节点器透镜 S（后透镜）与支杆之间的距离 L_{b-a} 和节点器两透镜间的距离 d，其中 $L_{b-a} = c-e$（其中 e 为节点器的刻度）。

（3）移动分划板，找到此时清晰成像的位置，记录清晰成像的位置。

（4）根据式（3-1）和式（3-2）计算出 x_H'，代入式（3-3），判断主点和节点是否重合（即验证节点位置是否正确）并记录相关数据。

方法二：由于平行光管发出的光束为平行光，光束经过透镜组后成像于该系统的后焦面上，故此时与该光学系统后焦面相距 f 的位置为主面，与光轴相交的点为主点。以此为据比较主点与节点位置。

（5）将节点镜头调整为与光轴同轴。移动分划板，找到此时清晰的像，读出某一线对的宽度，将该值与平行光管的焦距一同带入到式（3-6）中求取节点镜头的焦距。

（6）根据式（3-2）、式（3-4）计算出系统焦距 f，验证是否与平行光管法测量获得的焦距结果一致。

附：节点器刻度 e 的读法

节点器刻度即节点镜头与安装节点镜头的支架间的位置刻度，如图 3.8 所示，齿轮齿条长轴刻度的零点就是支杆的位置所在，节点镜头上的零刻度与齿轮齿条短轴零点在垂直光轴的同一平面上。图中所示的读数为 $e=9.5$ mm。

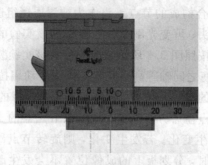

图 3.8　节点器刻度 e 的读法

五、数据处理

(1) 记录节点器支杆的位置 a、节点器透镜 S(后透镜)与支杆之间的距离 L_{b-a} 和节点器两透镜距离 d。

(2) 计算出 x_H'。代入式(3-3)判断主点和节点是否重合。

(3) 用平行光管法测量透镜组的焦距 f。

(4) 根据式(3-2)、式(3-4)计算出系统焦距 f,比较其与测量结果是否一致。

六、思考与讨论

(1) 测量实验中利用的是基点的哪些性质?

(2) 分析实验中误差产生的原因。

七、参考文献

[1] 石顺祥,王学恩,马琳. 物理光学与应用光学. 西安:西安电子科技大学出版社,2014.

[2] 几何光学基础实验装置使用说明. 北京杏林睿光科技有限公司.

实验四　光源光度测量

人们通常将发光的物体叫做光源。光源可分为天然的和人造的两种。太阳、发光星体以及地球上的各种爆炸物等属于天然光源；而白炽灯、汞灯、脉冲灯以及各种激光器和固体发光器件等均属于人造光源。除了特殊用途的光源，如红外光源、紫外光源和激光器等以外，大量光源是作为照明用的。由于照明的效果最终是以人眼来评定的，所以照明光源的特性必须用基于人眼的光学参数来描述，即用光度学量来描述。

一、实验目的

(1) 深刻理解可见光辐射的基本概念和传播规律。

(2) 掌握利用光具座设计、测量光源的光照度、辐射功率等参数以及估算光源发散角的方法。

(3) 掌握利用测量数据分析、研究光源光照度和辐射功率传播规律的方法。

(4) 学习测量系统的设计、光路搭建和调节的技能。

(5) 拓展研究光度测量在光学系统设计、照明光源设计等领域的应用。

二、实验原理

1. 基本光辐射量

在光的辐射理论中，辐射度量是建立在物理测量基础上的客观物理量，它不受人们主观视觉的限制，因此，辐射度学的一些概念适用于整个电磁波谱范围。而光度量是具有"标准"人眼视觉响应特性的人眼对所接收到的辐射量的度量。因此，光度学除了包括对辐射能等客观物理量的度量外，还考虑了人眼视觉机理的生理和感觉印象等心理因素。光度学的概念只能适用于可见光范围。以下为本实验中涉及的一些基本光辐射量。

1) 辐射功率(辐射通量)

辐射功率是指单位时间内通过某一面积的辐射能，它是发射、传输或接收辐射能的时间速率，也称为辐射通量，用 Φ_e 表示，单位为瓦(W)。

本实验所测量的功率即指光源的辐射功率，随着功率计探头与光源距离的增加，辐射功率逐渐减小。

2) 光通量

光通量表示用"标准人眼"来评价的光辐射通量。光通量的大小反映某一光源所发出的光辐射引起人眼光亮感觉能力的大小。辐射通量与光通量之间的变换关系比较复杂，取决于人眼对可见光的光谱灵敏度(称为视见函数 V_λ),因此把辐射通量经过视见函数折算到能引起人眼光刺激的等效能量称为光通量,单位是流明(lm)。

$$\Phi_v = C \int_0^{+\infty} V_\lambda \Phi_{e\lambda} d\lambda \tag{4-1}$$

式中,$C = 683$ lm/W,为换算系数,$\Phi_{e\lambda}$ 为波长 λ 下的辐射功率。

3) 光强度

定义沿空间某个方向单位立体角辐射的光通量为辐射体沿该方向的发光强度 I。设空间沿任一方向很小的立体角 $d\Omega$ 内辐射的光通量为 $d\Phi_v$,则发光强度为

$$I = \frac{d\Phi_v}{d\Omega} \tag{4-2}$$

4) 光照度

光照度 E 表示被照物体表面单位面积上接收到的光通量,单位为勒克斯(lx),1 lx 相当于 1 流明/平方米。光照度是衡量拍摄环境的一个重要指标。假设物体表面任一点周围的微小面源 dS 上接收到的光通量为 $d\Phi_v$,则光照度的表示式为

$$E = \frac{d\Phi_v}{dS} \tag{4-3}$$

随着功率计探头与光源距离的增加,照度呈非线性变化。一个光强度为 I 的光源,在距离它 l 处且与辐射线垂直的平面上产生的照度与这个光源的强度成正比,与距离的平方成反比,此为距离平方反比定律,即

$$E = \frac{I}{l^2} \tag{4-4}$$

2. 光源发散角的近似测量

除了准直性较好的激光器外,光源发出的光一般都有一定的发散性,通过测量某一距离处光斑的大小,可近似获得光源发出的光的发散角 θ(见图 4.1):

$$\theta = 2\arctan\left(\frac{l_2}{l_1}\right) \tag{4-5}$$

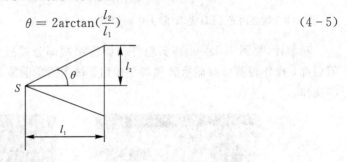

图 4.1　光源光发散角的计算

三、实验仪器

本实验所用仪器包括:溴钨灯及光纤支座、高亮白光 LED 光源、光具座、支架、支架杆、照度计、功率计、钢尺。

溴钨灯及光纤支座(见图 4.2):通过接通电源点亮溴钨灯泡,灯泡所发出的白光通过光纤传输,最终发光部件由光纤支座来固定。电源的额定电功率为 150 W。

图 4.2　溴钨灯及光纤支座

高亮白光 LED 光源（见图 4.3）：由光源头、连接线及电源组成，电源的额定电功率为已知量贴于光源侧面。

照度计（见图 4.4）：由探头组件和显示器两部分通过连接线构成。探头为白色半球形，探头组件固定在支架上，置于导轨上的合适位置，用来接收光源发出的光，显示器显示对应的光照度值。其中显示器上的红色键为开关键，最下面的按键为测量键。测量范围共分4 个量程（单位为 lx）：0～20、20～200、200～2000、2000～20 000，每按一次测量键调整一次量程。当没有数字显示时表示测量值超出该量程显示范围，需要调整量程。不使用时应把探头盖子盖上。

图 4.3　高亮白光 LED 光源（除去中间的圆柱形三色光源）　　图 4.4　照度计

功率计（见图 4.5）：由探头组件和操作箱两部分通过连接线构成。功率计按钮在操作箱后部，操作箱前面有显示屏和调零按钮。每次测量前需遮住探头，按"调零"按钮进行调零操作。

操作箱正面　　　　　　　　　　　操作箱背面

图 4.5　功率计

四、实验内容及步骤

1. 溴钨灯光源的测量

1）溴钨灯光源光照度的测量

（1）按图 4.6 所示安装各器件。

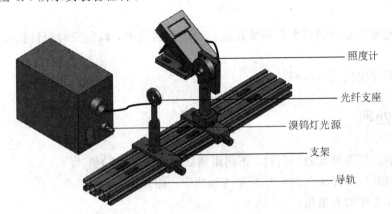

图 4.6　溴钨灯光源光度测量装置

（2）打开光源开关（功率旋至最小），预热 5 分钟，将光纤支座固定不动。

（3）将照度计移到光纤支座前并调整照度计位置，使光纤支座上的灯头尽量对准照度计探头以便能接收到所有的光。

（4）将光源功率调高，以使光照度能达到 3000 lx 以上，记录下此时的照度读数及光源的初始位置。

（5）沿导轨向远离光源方向移动照度计，每隔一定距离（例如 1～5 mm，根据变化快慢来确定）记录一次照度计读数，至照度达到稳定值，绘制光照度—距离曲线。

（6）针对某一测量位置，对光源和照度计之间的光路采取遮挡措施，例如用纸壳遮挡光路等，观察测量结果的变化情况，分析周围环境因素对测量结果的影响。观察测量结果的变化情况。

2）光源发散角的测量

（7）将照度计移开一定位置至光充满探头（80％光进入即可），测量光纤支座与照度计探头的距离 l_1。

（8）垂直导轨移动照度计支架，直到最亮光斑离开探头，记录移动距离的一半为 l_2。

（9）计算发散角 $\theta = 2\arctan(l_2/l_1)$。

3）光源辐射功率的测量

（10）去掉照度计，在光具座上安装功率计探头并将其移至距离光源最近处，使光对准功率计探头孔。

（11）用平板挡住探头，按下功率计上的"调零"按钮，进行调零。

（12）去掉平板，记录此时功率计读数（若功率计读数小于 1 mW，可调高光源的功率至 15 mW 以上）。

（13）沿导轨移动功率计，测量功率随距离的变化结果，绘制功率—距离曲线。

（14）针对某一测量位置，对光源和功率计之间的光路采取遮挡措施。

（15）结束测量。将光源亮度旋至最小，然后关闭光源开关、照度计和功率计开关，整理仪器设备。

2. 高亮白光 LED 光源的测量

将光源更换为高亮白光 LED 光源，重复溴钨灯光源测量步骤（2）～（15），测量光源照度（功率）值，绘制照度（功率）—距离曲线，研究影响因素，测量光源发散角。

注意：

（1）将光源亮度调到较小再调整光源与测量仪器同轴，以免长时间目视强光造成眼睛的损伤。

（2）功率计应先调零再测量。

五、数据处理

（1）分别记录两种光源照射时，不同距离处的照度（功率）值。

（2）绘制并分析光源照度—距离曲线和功率—距离曲线。

（3）计算光源的发散角。

六、思考与讨论

（1）辐射度量和光度量之间的区别是什么？如何将二者联系起来？

（2）分析影响实验结果的可能因素。

七、参考文献

［1］石顺祥，王学恩，马琳. 物理光学与应用光学. 西安：西安电子科技大学出版社，2014.

［2］张建奇. 红外物理. 西安：西安电子科技大学出版社，2013.

［3］光源光度测量实验装置使用说明书. 北京杏林睿光科技有限公司，2014.

［4］裴世鑫. 光电信息科学与技术实验. 北京：清华大学出版社，2015.

实验五　光源发光效率测量

光就是能引起人眼光亮感觉的电磁辐射，光源的发光效率是评价光源性能的重要指标。由于光源的发光机制不同，或其设计、制造工艺不同，因此尽管它们消耗的功率一样，但发出的光通量却可能相差很远。此外，人眼对不同波长的光的响应也是不同的。本实验通过测量光源的光度量，如光照度、光功率等参数，计算光源的发光效率，以及不同波长光的光谱光视效能和光视效率，验证光视效率曲线。

一、实验目的

（1）深刻理解辐射度学与光度学的相关理论。

（2）掌握测量光源的光照度、辐射功率、波长等参数及求取光源的发光效率、光谱光视效能和光视效率等参数的方法。

（3）学习利用光具座调节光路和测量参数的技巧。

（4）拓展研究光度学在照明光源设计等方面的应用。

二、实验原理

可见光是能引起人眼光亮感觉的电磁辐射，光度量是具有"标准"人眼视觉响应特性的人眼对所接收到的辐射量的度量。因此，光度学除了包括辐射能客观物理量的度量外，还考虑了人眼视觉机理的生理和感觉印象等心理因素。此处主要涉及的光度量是光通量和光照度。

光通量表示用"标准人眼"来评价的光辐射通量，其大小是反映某一光源所发出的光辐射引起人眼的光亮感觉能力的大小，单位是流明（lm）。1 W 的辐射通量相当的流明数随波长的不同而异。光照度表示被照主体表面单位面积上接收到的光通量，单位是流明/平方米。若被照面上的光照度均相同，则光通量等于光照度与被照面面积的乘积。

光源的发光效率是评价光源性能的重要指标。本实验通过测量光源的光度量，如光照度、辐射功率等参数，计算光源的发光效率，以及不同波长光的光谱光视效能和光视效率，验证光视效率曲线。

1. 发光效率

一个光源发出的总光通量的大小，代表了这个光源发出可见光能力的大小。尽管它们消耗的功率一样，但发出的光通量却可能相差很远。发光效率定义为每瓦消耗功率所发出的光通量数，用 η_V 表示，有

$$\eta_v = \frac{\Phi_v}{P} \tag{5-1}$$

发光效率的单位是流明/瓦(lm/W)。这里的功率可以指提供光源的电功率,也可以是光源输出的辐射通量(或辐射功率),前者的定义有时也称为电源的发光效率;后者通常被称为光视效能,有时也可称为辐射发光效率。

2. 光视效能、光谱光视效能、光视效率、光谱光视效率

光视效能 K 定义为光通量 Φ_v 与辐射通量 Φ_e 之比。由于人眼对不同波长光的响应不同,随着光的光谱成分的变化(即光波长不同),K 值也在变化。因此人们又定义了光谱光视效能 $K(\lambda)$,即

$$K(\lambda) = \frac{\Phi_{v\lambda}}{\Phi_{e\lambda}} \tag{5-2}$$

$K(\lambda)$ 值表示在某一波长上每 1 W 光功率对目视引起刺激的光通量,是衡量光源产生视觉效能大小的一个重要指标。光视效能与光谱光视效能的关系为

$$K = \frac{\int \Phi_{v\lambda} d\lambda}{\int \Phi_{e\lambda} d\lambda} = \frac{\int K(\lambda) \Phi_{e\lambda} d\lambda}{\int \Phi_{e\lambda} d\lambda} \tag{5-3}$$

实验表明,光谱光视效能的最大值在波长 $\lambda = 555$ nm 处。一些国家的实验室测得平均光谱光视效能的最大值为 $K_m = 683$ lm/W。

光视效率 V 定义为光视效能 K 与最大光谱光视效能 K_m 之比。随着光波长的变化,V 值也在变化,因此定义了光谱光视效率(也称为视在函数),即

$$V(\lambda) = \frac{K(\lambda)}{K_m} \tag{5-4}$$

图 5.1 给出了明视觉 V_λ(日间视觉)和暗视觉 V_λ'(夜间视觉)条件下单色光视效率曲线。从图中可以看出,各色光在人眼视觉上所引起的视见程度不同。在明亮环境下,人眼对波长为 555 毫微米的黄绿光最敏感(将它视为 100%,即视在函数为 1),对红光和紫光的

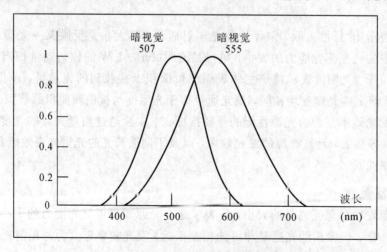

图 5.1　光谱光视效率曲线

敏感度最低。在阴暗环境下，人眼对波长约为 507 毫微米的绿光最敏感，对红光和紫光的敏感度最低。

辐射的光谱光视效能是评定辐射能对人眼引起视觉刺激值的基础，即人眼对不同波长光能产生光感觉的效率。

三、实验仪器

本实验所用仪器包括：溴钨灯及光纤支座、高亮白光 LED 光源、高亮三色 LED 光源、导轨、支架、支架杆、照度计、功率计、单色仪、白板、白板支架。

高亮三色 LED 光源：光源头的背面可选择照射光为红、绿或蓝色光。

注：两种光源共用连接线及电源。

单色仪（见图 5.2）：用来测量光波的波长。将光源发出的光对准入缝处，然后旋转丝杆，直到出缝处发出最强光，此时的丝杆读数即为该光波的波长。

图 5.2　单色仪

四、实验内容及步骤

1. 高亮白光 LED 光源及溴钨灯的发光效率测量

（1）按图 5.3 安装各器件。在光源头上加小孔盖板，将光源调至最大亮度。

白板

高亮白光
LED光源

支架

导轨

图 5.3　高亮 LED 光源发光效率测量装置

（2）先预估照度计探头的面积，然后将白板竖直放置在离光源一定距离处。移动白板，使白板上接收的光斑面积小于照度计探头接收面积。测量光斑尺寸，计算光斑面积 A 并记录。同时记录白板所在的位置。

（3）将白板取下，放置照度计。调整照度计位置使照度计接收面（可以认为是探头外框边缘）处于白板所在位置，读取照度计显示数值，记录数据 E。

（4）取下照度计，换上功率计并移动，使探孔靠近小孔板，保证光全部进入探孔。调零后测量读取功率计读数并记录 Φ_e 值。

（5）记录光源的电功率值并按照式（5-1）计算电源的发光效率。

（6）将照度值 E 与光斑面积 A 相乘得到光通量 Φ_v，按照式（5-2）计算光源的光视效能。

（7）将光源亮度旋至最小，然后关闭光源开关。

（8）将高亮白光 LED 光源换成溴钨灯，重复步骤（2）～（7）。

（9）结束测量后将光源亮度旋至最小，然后关闭光源开关。

2. 高亮三色 LED 光源的波长及发光效率测量

（1）将光源头更换为高亮三色 LED 光源，并将开关拨至红光挡。

（2）在距离光源一定位置处放置单色仪，并调整单色仪位置使光能照在单色仪的入缝处，然后旋转丝杆，直到出缝处发出最强光（若亮度不够可去掉小孔盖板），此时的丝杆读数即为该光波的波长，记录波长读数。

单色仪输出的波长示值是利用螺旋测微器读取的。如图 5.4 所示，读数装置的小管上有一条横线，横线上下刻度的间隔对应着 50 nm 的波长。鼓轮左端的圆锥台周围均匀地划分成 50 个小格，每小格对应 1 nm。波长读数由小管上的读数和鼓轮读数共同构成。

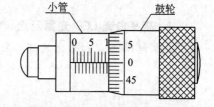

图 5.4　单色仪的读数装置

（3）依次将光源开关拨至绿光和蓝光挡，重复上述步骤，分别测量两种光的波长值。

（4）在光源头上加上小孔盖板，将光源亮度调至最大，按照实验 1 的步骤（2）～（5）分别测量三种色光的光照度、光斑面积及辐射功率。其中测蓝光时，白板位置可更靠近光源。

（5）将照度值 E 与光斑面积 A 相乘得到光通量 Φ_v，按照式（5-2）分别计算三种色光的光谱光视效能，按照式（5-4）分别计算三种色光的光谱光视效率。

（6）结束测量后将光源亮度旋至最小，然后关闭光源开关、照度计和功率计开关，整理仪器设备。

注意：

（1）光源亮度较大时，注意对眼睛的保护，避免直视强光造成对眼睛的损伤。

（2）三种色光的出光轴不完全相同，在测量光波长时应相应调整单色仪的位置。

五、数据处理

（1）分别记录（录入表 5.1 中）两种光源（高亮白光 LED 和溴钨灯）的光照度、光斑面积、辐射功率，根据已给光源对应的电功率值计算发光效率和光视效率，并对两种光源的计算结果进行比较。

表 5.1 溴钨灯和高亮白光 LED 光源的测量结果

光源	光斑面积 A/cm^2	光照度 E/lx	辐射功率 Φ_e/mW	光源电功率 P/W	电源的发光效率 $\eta_v/(lm/W)$	光视效率 V
溴钨灯						
高亮白光 LED						

（2）计算高亮三色光源所发出的三种色光的光波长、光照度、光斑面积、辐射功率，计算三种色光光谱光视效能和光谱光视效率（录入表 5.2 中），比较分析哪种色光的效率最高。

表 5.2 高亮三色光源的测量结果

色光种类	波长 λ/nm	光斑面积 A/cm^2	光照度 E/lx	辐射功率 Φ_e/mW	光源电功率 P/W	电源的发光效率 $\eta_v/(lm/W)$	光谱光视效率 V_λ
红							
绿							
蓝							

六、思考与讨论

（1）简述荧光灯比白炽灯省电的原因。
（2）分析影响实验结果的可能因素。

七、参考文献

[1] 金伟其，胡威捷. 辐射度光度与色度及其测量. 北京：北京理工大学出版社，2006.

[2] 张建奇. 红外物理. 西安：西安电子科技大学出版社，2013.

[3] 光源光度测量实验装置使用说明书. 北京杏林睿光科技有限公司.

实验六　典型光学系统性能参数测量

利用透镜、反射镜和棱镜等光学元件制造出的仪器称为光学仪器或光学系统。其中能够帮助人类改善和扩展视觉的仪器称为助视光学系统或目视光学系统，典型的有望远镜、显微镜、放大镜等。

本实验利用若干透镜，在光学导轨上搭建典型的望远系统（显微系统），并测量其放大率、视场等参数。通过本实验的学习，有助于学生更深刻地理解望远系统（显微系统）的工作原理和性能。

一、实验目的

(1) 深刻理解典型光学系统的工作原理。

(2) 掌握利用光具座设计、搭建典型光学系统光路，测量系统性能参数的方法。

(3) 学习在光具座上进行系统设计、光路搭建与调整的技能。

(4) 拓展研究满足一定性能参数要求的光学系统设计方法。

二、实验原理

望远镜和显微镜可以用来扩大人眼的观测范围，是典型的助视光学系统。其中望远镜帮助人们看清远处物体，显微镜用来帮助人眼观察近处的微小物体，二者都由物镜和目镜两部分组成。

1. 望远系统

望远镜的物镜和目镜构成一个无焦系统（即目镜的前焦点和物镜的后焦点重合，物像方焦距均为无穷远）。常见望远镜可简单分为伽利略望远镜和开普勒望远镜。伽利略望远镜的物镜为正透镜，目镜为负透镜。其优点是结构紧凑、筒长短、系统成正像。但因系统存在渐晕，并且不可以设置分划板进行物体测量等原因，已逐渐被开普勒望远镜所替代。

开普勒望远系统的物镜和目镜均由正透镜构成，其原理如图 6.1 所示。因镜筒之间存在实像，可以方便地设置视场光阑或分划板，所以是目前望远系统的常见结构。但是这种系统成的是倒立像，在一般观察用望远镜中，常需要加入倒像系统，使所观察图像为正立像。

为了观察远处的物体，物镜用较长焦距的凸透镜，目镜用较短焦距的凸透镜。远处射来的光线（可视为平行光），经过物镜后，会聚在它的后焦点外，在离焦点很近的地方，成一倒立、缩小的实像。物镜的像作为目镜的物再次被成像，由于目镜的前焦点和物镜的后焦点重合，因此通过目镜可看到远处物体的倒立虚像，由于增大了视角，故提高了分辨能力。

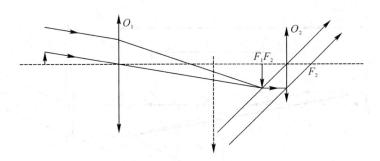

图 6.1 开普勒望远系统光路示意图

根据无焦系统的角放大率公式,可得望远镜的放大率为

$$\Gamma = \frac{\tan\omega'}{\tan\omega} = -\frac{f_o'}{f_e'} \tag{6-1}$$

式中,f_o' 为物镜焦距,f_e' 为目镜焦距。若要提高望远镜的放大率,可增大物镜的焦距或减小目镜的焦距。

利用物像关系测量望远系统的放大率时,首先可以利用平行光管将目标物(玻罗板)成像在无穷远处,经过望远系统放大后,在像方用观测显微系统接收图像,通过读取像的大小来获得望远系统的放大率,即

$$\Gamma = \frac{f'_{\text{平行光管}}}{f'_{\text{观测物镜}}} \cdot \frac{L'}{L \cdot \gamma_{\text{观测目镜}}} \tag{6-2}$$

其中,L 为分划板上两条缝间的实际长度;L' 为平行光管内分划板两条缝之间的长度,可通过观测目镜上的刻度测出,该长度需要除以观测目镜的放大倍数以得到实际像的大小。光路示意图如图 6.2 所示。

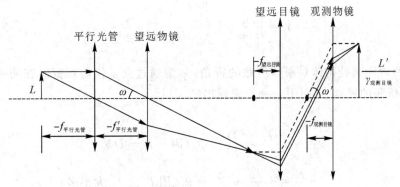

图 6.2 望远系统放大率测量光路示意图

根据定义,望远系统视场角满足:

$$\tan\omega = \frac{D_{\text{视}}}{2f_o'} \tag{6-3}$$

其中,$D_{\text{视}}$ 是视场光阑直径;f_o' 是物镜焦距。因此,只需要测量出视场光阑直径即可得到望远系统视场角。

2. 显微系统

最简单的显微镜由两个凸透镜构成。其中,物镜的焦距较短,目镜的焦距较长。它的

光路如图 6.3 所示。

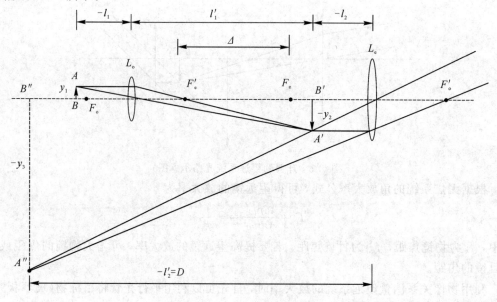

图 6.3　简单显微镜的光路图

图中的 L_o 为物镜(焦点为 F_o 和 F_o'),其焦距为 f_o';L_e 为目镜,其焦距为 f_e'。将长度为 y_1 的被观测物体 AB 放在 L_o 的焦距外且接近焦点 F_o 处,物体通过物镜成一放大倒立实像 $A'B'$(其长度为 y_2),此实像在目镜的焦点以内,经过目镜放大,结果在明视距离 D 上得到一个放大的虚像 $A''B''$(其长度为 y_3)。虚像 $A''B''$ 对于被观测物 AB 来说是倒立的。由图 6.3 可见,显微镜的放大率为

$$\gamma = \frac{\tan\psi}{\tan\varphi} = \frac{\dfrac{y_3}{l_2'}}{\dfrac{y_1}{-l_2'}} = -\frac{y_3}{y_2} \cdot \frac{y_2}{y_1} \qquad (6-4)$$

式中,φ 为明视距离处物体对眼睛所张的视角;ψ 为通过光学仪器观察时在明视距离处的成像对眼睛所张的视角。(图中 φ 和 ψ 未标出)

其中:

$$\frac{y_3}{y_2} = \frac{-l_2'}{-l_2} \approx \frac{D}{f_e'} = \beta_e\,(因 -l_2' = D)$$

$$-\frac{y_2}{y_1} = -\frac{l_1'}{l_1} \approx \frac{\Delta}{f_o'} = \beta_o\,(因 l_1' 比 f_o' 大得多)$$

分别为目镜的放大率和物镜的放大率。

Δ 为显微物镜焦点 F_o' 到目镜焦点 F_e 之间的距离,称为物镜和目镜的光学间隔。因此式(6-4)可改写成

$$\gamma = \frac{D}{f_e'}\frac{\Delta}{f_o'} = \beta_e\,\beta_o \qquad (6-5)$$

由式(6-5)可见,显微镜的放大率等于物镜放大率和目镜放大率的乘积。在 f_o、f_e、Δ 和 D 为已知的情形下,可以利用式(6-5)算出显微镜的放大率。

分辨力板广泛用于光学系统的分辨率、景深、畸变的测量及机器视觉系统的标定中。

本实验用到的是国标 A 型分辨力板 A3，如图 6.4 所示，它是根据国家分辨力板相关标准设计的分辨力测试图案。一套 A 型分辨力板由图形尺寸按一定倍数关系递减的七块分辨力板组成，其编号为 A1～A7。每块分辨力板上有 25 个组合单元，每一线条组合单元由相邻互成 45°、宽等长的 4 组明暗相间的平行线条组成，线条间隔宽度等于线条宽度。分辨力板相邻两单元的线条宽度的公比为 $1/\sqrt[12]{2}$（近似 0.94）。分辨力板各单元中，每一组的明暗线条总数以及分辨力板 A3 的所有单元的线条宽度详见表 6.1。

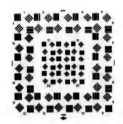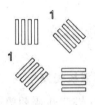

图 6.4　国标 A3 分辨力板及部分放大图

表 6.1　国标 A3 分辨力板的分辨率对照表

单元编号	国际 A3 线宽/μm	单元编号	国际 A3 线宽/μm
1	40	14	18.9
2	37.8	15	17.8
3	35.6	16	16.8
4	33.6	17	15.9
5	31.7	18	15
6	30	19	14.1
7	28.3	20	13.3
8	26.7	21	12.6
9	25.2	22	11.9
10	23.8	23	11.2
11	22.4	24	10.6
12	21.2	25	10
13	20		

三、实验仪器

本实验所用仪器包括：平行光管、玻罗板（线对间距分别为 2 mm、4 mm、10 mm、15 mm、18 mm）、可变光阑、凸透镜（Φ：40 mm，f'：150 mm；Φ：25.4 mm，f'：38.1 mm）、分划板、观测目镜、白色 LED 光源、A3 国标分辨力板、显微物镜、显微目镜、一维测微尺、导轨、支架（若干）。

四、实验内容及步骤

1. 开普勒望远系统光路搭建

（1）按照图 6.5 搭建开普勒望远系统光路。调节平行光管和两透镜使之共光轴。两透镜之间的距离约为两个透镜的焦距之和。

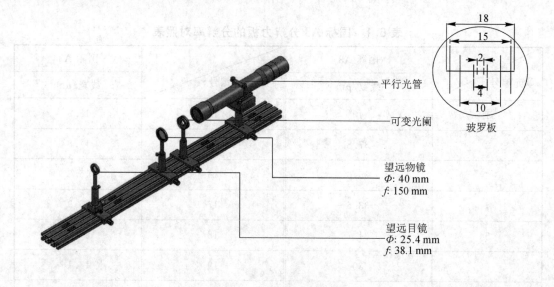

图 6.5　望远系统装配图

（2）降低光源亮度，通过望远目镜用眼睛直接观察平行光管里的物体（玻罗板），调整物镜与目镜的间距使成像清晰。

在实验中，加入可变光阑作为系统的孔径光阑，是为了增强成像质量，便于读数测量。

2. 望远系统放大率的测量

（1）在望远目镜后搭建观测显微系统，如图 6.6 所示。根据系统的光瞳衔接原则，观测显微系统的入瞳应与望远系统的出瞳重合，因此，观测显微系统的物镜应放置在望远系统出瞳位置。若光路中无可变光阑，望远系统出瞳的位置将与望远目镜重合；若有可变光阑，将可变光阑调到比较小的状态，此时可变光阑经其后面的镜组在系统像空间所成清晰像的位置就是望远系统出瞳的位置。（可利用分划板在望远系统目镜后方寻找孔径光阑成像清晰的位置，然后改变可变光阑的大小，观察成像大小是否变化，若变化，则该成像位置就是可变光阑、目镜和物镜组成的望远系统的出瞳位置。)

　　然后加入显微目镜(观测目镜),通过显微目镜观察平行光管里的目标物(玻罗板)来调整目镜位置,直到在目镜的标尺上清晰成像为止。

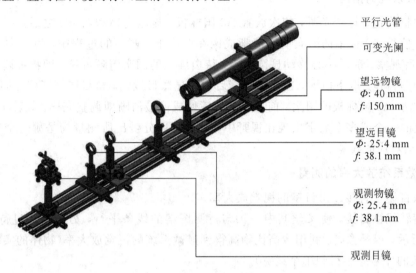

平行光管

可变光阑

望远物镜
Φ: 40 mm
f: 150 mm

望远目镜
Φ: 25.4 mm
f: 38.1 mm

观测物镜
Φ: 25.4 mm
f: 38.1 mm

观测目镜

图 6.6　望远系统放大率测量示意图

　　(2)在观测目镜上读取任意一对缝间的长度 L'(目镜刻度单位为厘米),代入式(6-2)即可得到望远系统的放大倍率。其中观测目镜的放大倍数为 10 倍,平行光管的焦距为已知条件(贴于管壁上),观测物镜的焦距也为已知条件(标识在镜框上)。

　　(3)将式(6-2)的计算结果与系统放大倍率的理论公式(6-1)的计算结果进行比较,并计算相对误差。

3. 望远系统视场角的测量

　　(1)去掉观测显微系统和望远目镜(如图 6.7 所示),将分划板放置在望远系统物镜之后,前后移动分划板,寻找清晰成像处,此处即视场光阑所在的位置。根据分划板上的刻度读取像的大小。注意,需要读取整个视场的成像,不是玻罗板上刻画的最外线对。

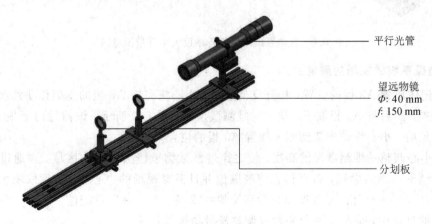

平行光管

望远物镜
Φ: 40 mm
f: 150 mm

分划板

图 6.7　望远系统视场角测量示意图

（2）将得到的数值和物镜焦距（150 mm）代入式（6-3），算出望远系统视场角（一般为1°~3°）。另外，在放置分划板时需要将分划板的加持装置更换成镜座，以增大移动空间。

4. 显微系统的搭建

（1）调整物镜。打开光源，依次放置 A3 国标板、显微物镜和白屏。之后，调整显微物镜的高度，使得 A3 板中的图案能够清晰成像在白屏上。调整的过程中，可将白屏放置在A3 国标板后观察。前后小心移动显微物镜，待白屏上的图案清晰可见，即物镜调整完毕。

（2）调整目镜。取下白屏，在显微物镜后加入显微目镜，调整目镜高度使之同轴。人眼通过目镜观察 A3 国标板的图案。前后移动目镜使成像最清晰即调整完毕。旋转 Y 向旋钮，让 A3 板上的一个或多个数字出现在视野中，直至可以分辨出所测量的是哪一个编号的图案，以便查出对应的线宽。

5. 显微系统放大率的测量

（1）从目镜上直接读出目镜的视觉放大率。

（2）旋转显微目镜，使叉丝其中一轴与待测图案的线条平行，另一轴穿过待测图案，如图 6.8 所示。记录像高。利用像高比物高得到显微系统的视觉放大率（物体的实际尺寸可根据国标板的序号查表得到单个线宽）。

（3）根据式（6-5），物镜的垂轴放大率 β_o 可根据目镜的视觉放大率 β_e 和系统的视觉放大率 γ 计算得到。

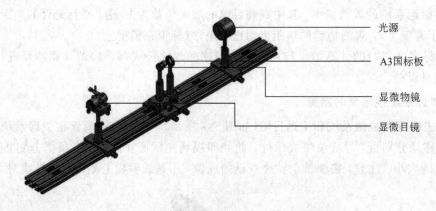

图 6.8　显微系统的物镜垂轴放大率测量示意图

6. 显微系统线视场的测量

（1）记住放置 A3 板的位置，松开支架旋钮，小心将夹持 A3 板的支架移动到远离显微物镜的位置。然后将 A3 板取下，换上一维测微尺，如图 6.9 所示。该器件由干板夹夹持。夹好测微尺后，小心移动支架到刚才放置 A3 板的位置附近。

（2）小心调整一维测微尺的高度，使之穿过显微物镜镜头的中心区域。再通过目镜观察并缓慢调整一维测微尺，直至得到清晰成像并且横穿视场的中心为止。读取视场两边刻度小格数（0.025 mm/格）即可得到显微系统的线视场。为了保证系统的一致性，在更换一维测微尺的过程中，应尽量避免碰触或调整显微物镜及目镜。

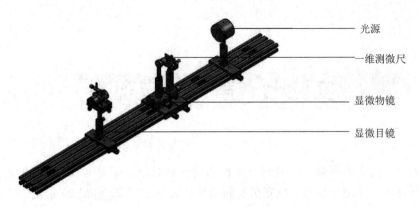

图 6.9 显微系统线视场测量示意图

光源

一维测微尺

显微物镜

显微目镜

五、数据处理

1. 望远系统

（1）测量并计算获得望远系统的放大率：

$$\Gamma_{测} = \frac{f'_{平行光管}}{f'_{观测物镜}} \cdot \frac{L'}{L \cdot \gamma_{观测目镜}}$$

（2）计算理论放大率 $\Gamma_{理} = -\dfrac{f_{\circ}}{f_e}$，并求测量值与理论值的相对误差。

（3）测量望远系统视场角：

$$\tan\omega = \frac{D_{视}}{2f_{\circ}}$$

2. 显微系统

测量显微系统的视觉放大率、物镜放大率和线视场。

六、思考与讨论

（1）分析实验中的误差原因。

（2）试研究望远系统和显微系统放大率的其他测量方法。

七、参考文献

［1］郁道银，谈恒英. 工程光学. 北京：机械工业出版社，2006.

［2］石顺祥，王学恩，等. 物理光学与应用光学. 西安：西安电子科技大学出版社，2014.

［3］几何光学综合实验仪使用说明书. 北京杏林睿光科技有限公司.

实验七　声光效应观测

　　声光效应是指光通过某一受到超声波扰动的介质时发生衍射的现象，这种现象是光波与介质中声波相互作用的结果。声光衍射的实验研究开始于 20 世纪 30 年代。60 年代激光器的问世为声光现象的研究提供了理想的光源，促进了声光效应理论和应用研究的迅速发展。声光效应为控制激光束的频率、方向和强度提供了一个有效的手段。利用声光效应制成的声光器件，如声光调制器、声光偏转器和可调谐滤光器等，在激光技术、光信号处理和集成光通讯技术等方面有着重要的应用。

一、实验目的

　　（1）深刻理解声光效应的基本理论。
　　（2）观察声光衍射现象，掌握喇曼—奈斯衍射和布喇格衍射的实验条件与特点，以及衍射角与超声信号形成的光栅常数的测量方法。
　　（3）学习以光具座为系统的光路设计、搭建和调节技能。
　　（4）拓展研究声光器件的基本原理及其在激光调制技术、激光偏转、光学滤波等方面的应用。

二、实验原理

　　当超声波在介质中传播时，将引起介质的弹性应变作时间和空间上的周期性变化，并且导致介质的折射率也发生相应变化。当光束通过有超声波的介质后就会产生衍射现象，这就是声光效应。有超声波传播的介质如同一个相位光栅。

　　声光效应有正常声光效应和反常声光效应之分。在各项同性介质中，声—光相互作用不导致入射光偏振状态的变化，产生正常声光效应。在各项异性介质中，声—光相互作用可能导致入射光偏振状态的变化，产生反常声光效应。反常声光效应是制造高性能声光偏转器和可调滤波器的基础。正常声光效应可用喇曼—奈斯的光栅假设作出解释，而反常声光效应不能用光栅假设作出说明。在非线性光学中，利用参量相互作用理论，可建立起声—光相互作用的统一理论，并且运用动量匹配和失配等概念对正常和反常声光效应都作出解释。本实验只涉及到各项同性介质中的正常声光效应。

　　如图 7-1 所示，设声光介质中的超声行波是沿 y 方向传播的平面纵波，其角频率为 ω_s，波长为 λ_s，波矢为 k_s。入射光为沿 x 方向传播的平面波，其角频率为 ω，在介质中的波长为 λ，波矢为 k。介质内的弹性应变也以行波形式随声波一起传播。由于光速大约是声速的 10^5 倍，在光波通过的时间内介质在空间上的周期变化可看成是固定的。

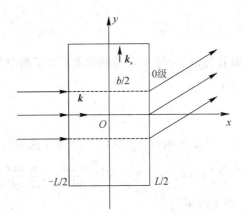

图 7.1 声光衍射

由于应变而引起的介质折射率的变化由下式决定：

$$\Delta\left(\frac{1}{n^2}\right) = PS \tag{7-1}$$

式中，n 为介质折射率；S 为应变；P 为光弹系数。通常，P 和 S 为二阶张量。当声波在各项同性介质中传播时，P 和 S 可作为标量处理，如前所述，应变也以行波形式传播，所以可写成：

$$S = S_0 \sin(\omega_s t - k_s y) \tag{7-2}$$

当应变较小时，折射率作为 y 和 t 的函数，可写作：

$$n(y,t) = n_0 + \Delta n \sin(\omega_s t - k_s y) \tag{7-3}$$

式中，n_0 为无超声波时的介质折射率；Δn 为声波折射率变化的幅值，可由（7-1）式可求出：

$$\Delta n = -\frac{1}{2} n^3 P S_0$$

设光束垂直入射（$k \perp k_s$），并通过厚度为 L 的介质，则前后两点的相位差为

$$\begin{aligned}\Delta\Phi &= k_0 n(y,t) L \\ &= k_0 n_0 L + k_0 \Delta n L \sin(\omega_s t - k_s y) \\ &= \Delta\Phi_0 + \delta\Phi \sin(\omega_s t - k_s y)\end{aligned} \tag{7-4}$$

式中，k_0 为入射光在真空中的波矢的大小；右边第一项 $\Delta\Phi_0$ 为不存在超声波时光波在介质前后两点的相位差；右边第二项为超声波引起的附加相位差（相位调制），$\delta\Phi = k_0 \Delta n L$。可见，当平面光波入射在介质的前界面上时，超声波使出射光波的波振面变为周期变化的皱折波面，从而改变出射光的传播特性，使光产生衍射。

设入射面上 $x = -\dfrac{L}{2}$ 的光振动为 $E_i = A e^{i\omega t}$，A 为一常数（也可以是复数）。考虑到在出射面 $x = \dfrac{L}{2}$ 上各点相位的改变和调制，在 xy 平面内离出射面较远一点的衍射光叠加结果为

$$E \propto A \int_{-\frac{b}{2}}^{\frac{b}{2}} e^{i[\omega t - k_0 n(y,t)L - k_0 y \sin\theta]} \, dy$$

写成等式时，有

$$E = Ce^{i\omega t} \int_{-\frac{b}{2}}^{\frac{b}{2}} e^{i\delta\Phi \sin(k_s y - \omega_s t)} e^{-ik_0 y\sin\theta} \mathrm{d}y \tag{7-5}$$

式中，b 为光束宽度；θ 为衍射角；C 为与 A 有关的常数，为了简单起见可取为实数。利用一与贝塞尔函数有关的恒等式：

$$e^{ia\sin\theta} = \sum_{m=-\infty}^{\infty} J_m(a)e^{im\theta}$$

式中，$J_m(a)$ 为（第一类）m 阶贝塞尔函数，将式（7-5）展开并积分得

$$E = Cb \sum_{m=-\infty}^{\infty} J_m(\delta\Phi) e^{i(\omega - m\omega_s)t} \frac{\sin[b(mk_s - k_0\sin\theta)/2]}{b(mk_s - k_0\sin\theta)/2} \tag{7-6}$$

上式中与第 m 级衍射有关的项为

$$E_m = E_0 e^{i(\omega - m\omega_s)t} \tag{7-7}$$

$$E_0 = Cb J_m(\delta\Phi) \frac{\sin[b(mk_s - k_0\sin\theta)/2]}{b(mk_s - k_0\sin\theta)/2} \tag{7-8}$$

因为函数 $\sin x/x$ 在 $x = 0$ 取极大值，因此有衍射极大的方位角 θ_m 由下式决定：

$$\sin\theta_m = m\frac{k_s}{k_0} = m\frac{\lambda_0}{\lambda_s} \tag{7-9}$$

式中，λ_0 为真空中光的波长；λ_s 为介质中超声波的波长。与一般的光栅方程相比可知，超声波引起的有应变的介质相当于一光栅常数为超声波长的光栅。由式（7-7）可知，第 m 级衍射光的频率 ω_m 为

$$\omega_m = \omega - m\omega_s \tag{7-10}$$

可见，衍射光仍然是单色光，但发生了频移。由于 $\omega \gg \omega_s$，这种频移是很小的。

第 m 级衍射极大的强度 I_m 可用式（7-7）模数平方表示：

$$I_m = E_0 E_0^* = C^2 b^2 J_m^2(\delta\Phi) = I_0 J_m^2(\delta\Phi) \tag{7-11}$$

式中，E_0^* 为 E_0 的共轭复数，$I_0 = C^2 b^2$。

第 m 级衍射极大的衍射效率 η_m 定义为第 m 级衍射光的强度与入射光的强度之比。由式（7-11）可知，η_m 正比于 $J_m^2(\delta\Phi)$。当 m 为整数时，$J_{-m}(a) = (-1)^m J_m(a)$。由式（7-9）和式（7-11）表明，各级衍射光相对于零级对称分布。

当光束斜入射时，如果声光作用的距离满足 $L < \lambda_s^2/(2\lambda)$，则各级衍射极大的方位角 θ_m 由下式决定：

$$\sin\theta_m = \sin i + m\frac{\lambda_0}{\lambda_s} \tag{7-12}$$

式中，i 为入射光波矢 k 与超声波波面的夹角。上述的超声衍射称为喇曼—奈斯衍射，有超声波存在的介质起一平面相位光栅的作用。

当声光作用的距离满足 $L > 2\lambda_s^2/\lambda$，而且光束相对于超声波波面以某一角度斜入射时，在理想情况下除了 0 级之外，只出现 1 级或 −1 级衍射，如图 7.2 所示。这种衍射与晶体对 X 光的布喇格衍射很类似，故称为布喇格衍射。能产生这种衍射的光束入射角称为布喇格角。此时有超声波存在的介质起体积光栅的作用。

可以证明，布喇格角满足：

$$\sin i_B = \frac{\lambda}{2\lambda_s} \tag{7-13}$$

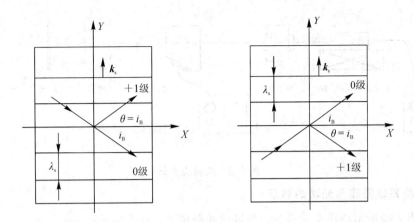

图 7.2 布喇格衍射

式(7-13)称为布喇格条件。因为布喇格角一般都很小,故衍射光相对于入射光的偏转角为

$$\theta_D = 2i_B \approx \frac{\lambda}{\lambda_s} = \frac{\lambda_0}{nv_s}f_s \tag{7-14}$$

式中,v_s 为超声波的波速;f_s 为超声波的频率;其他量的意义同前。在布喇格衍射条件下,一级衍射光的效率为

$$\eta = \sin^2\left(\frac{\pi}{\lambda_0}\sqrt{\frac{M_e L P_s}{2H}}\right) \tag{7-15}$$

式中,P_s 为超声波功率;L 和 H 为超声换能器的长和宽;M_e 为反映声光介质本身性质的常数,称为声光优值,$M_e = n^6 p^2/\rho v_s^3$,ρ 为介质密度,p 为光弹系数。在布喇格衍射下,衍射光的频率也由式(7-10)决定。理论上布喇格衍射的衍射效率可达100%,喇曼—奈斯衍射中一级衍射光的最大衍射效率仅为34%,所以使用的声光器件一般都采用布喇格衍射。

由式(7-14)和式(7-15)可看出,通过改变超声波的频率和功率,可分别实现对激光束方向的控制和强度的调制,这是声光偏转器和声光调制器的基础。从式(7-10)可知,超声光栅衍射会产生频移,因此利用声光效应还可以制成频移器件。超声频移器在计量方面有重要应用,如用于激光多普勒测速仪。

以上讨论的是超声行波对光波的衍射。实际上,超声驻波对光波的衍射也产生喇曼—奈斯衍射和布喇格衍射,而且各衍射光的方位角和超声频率的关系与超声行波的相同。不过,各级衍射光不再是简单地产生频移的单色光,而是含有多个傅里叶分量的复合光。

三、实验仪器

本实验所用仪器包括:半导体激光器(波长 532 nm)及其驱动源、声光开关及其驱动源、光具座、光屏、激光功率计、MP3播放器等。

四、实验内容及步骤

实验装置如图7.3所示。

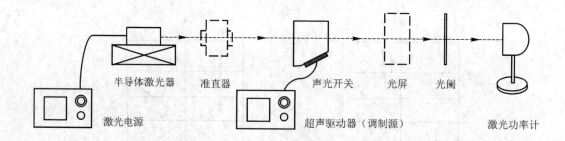

图 7.3 实验装置图

1. 实验系统搭建与光路的调节

按照图 7.3 所示搭建实验系统，并进行光路调节，方法如下：

（1）在光具座上依次放置好半导体激光器、小孔光阑和激光功率计，固定小孔光阑的高度。

注意：图 7.3 中准直器用于压缩半导体激光器的发散角，若半导体激光器自带准直透镜，则不需要使用准直器。

（2）打开电源开关，接通激光电源，调节电源箱上的激光强度旋钮，使激光束达到足够强度。利用小孔光阑来调整光路，先将半导体激光器放置在导轨零点处锁定，把小孔光阑拉移到半导体激光器附近，调整四维调整架上的旋钮，使激光束通过小孔，再把小孔光阑移远一些（基本是声光调制器放置的位置），再次通过旋转四维调整架上的旋钮，使激光束通过小孔，反复调节，使得一定距离内激光束是水平光。

（3）正确连接声光调制器各个部分（包括声光调制器主机、声光开关、电源、数据线等），将声光开关放置于光具座上，载物平台尽量靠近半导体激光器，调整好声光开关高度，使得激光束刚好通过通光孔，调制器主机上电预热 5 分钟。

（4）激光功率计固定在光具座尾端，调整激光功率计的高度，使得激光束照在激光功率计感光面中心或与功率计感光面中心在同一水平线上。把小孔光阑放置于靠近激光功率计的位置，重新调整好小孔光阑的高度，使得光束通过小孔或与小孔在同一水平线上。将光屏放置在声光开关后，用于观察衍射光斑。

2. 声光衍射现象观测

在完成光路同轴等高调节后，激光束按照一定角度入射声光开关晶体，穿过晶体后出现清晰的衍射光斑，仔细调节声光开关的角度，在光屏上观察衍射光斑的变化，区分喇曼—奈斯衍射和布喇格衍射，并调至布喇格衍射状态。此时，可观测到 0 级和 +1 级（或 −1 级）衍射光斑，并且 +1 级（或 −1 级）衍射光斑光强最强。

注意：如果声光调制器没有内调信号，则必须用数据线连接外调信号源（MP3 播放器亦可），否则超声驱动器无输出，观测不到衍射现象。

3. 衍射效率测量

去掉光屏，将小孔光阑放置在光具座上，仔细调节高度和横向位置，让衍射光斑的 0 级通过小孔，而 +1 级（或 −1 级）衍射光斑被遮挡，利用激光功率计测量 0 级衍射光的最小功率，记为 P_1，然后，去除外调信号，测量无衍射时的激光功率，记为 P_0。衍射效率为

$$\frac{P_0 - P_1}{P_0} \times 100\%$$

4. 等效光栅常数测量

移走激光功率计，安装光屏并使衍射光斑落在光屏上，并通过测量 0 级与 +1 级（或 −1 级）衍射光斑的距离 a 和声光晶体到光屏的距离 b，计算衍射角 θ。根据公式 $d \sin\theta = m\lambda$（其中 θ 为衍射角，d 为光栅常数，$m = 1$ 为级次，λ 为波长 532 nm），计算声光介质等效体光栅的光栅常数。

五、数据处理

1. 测量衍射效率

当无调制信号输入时，记录透过晶体的激光光功率 P_0；输入调制信号，观察布喇格衍射现象，记录 0 级信号光功率 P_1。声光衍射效率计算式为

$$\eta = \frac{P_0 - P_1}{P_0} \times 100\%$$

2. 测量等效体光栅的光栅常数

采用光屏观察布喇格衍射现象，记录 0 级与 +1 级（或 −1 级）衍射光斑的距离 a 和声光晶体到光屏的距离 b。等效体光栅的光栅常数可以近似计算为

$$d = \lambda \frac{b}{a}$$

六、思考与讨论

（1）声光效应如何分类？声光开关有何应用？
（2）如何区分喇曼—奈斯衍射和布喇格衍射？

七、参考文献

[1] 石顺祥. 物理光学与应用光学. 西安：西安电子科技大学出版社，2014.
[2] 俞宽新. 声光原理与声光器件. 北京：科学出版社，2011.

实验八　声光调制实验

利用声光效应制成的声光器件，具有输入电压低、驱动功率小、温度稳定性好、能承受较大光功率、光学系统简单、响应时间快、控制方便等优点，在激光技术、光信号处理和集成光通信技术等方面有着广泛应用，如声光开关、声光调制器、声光偏转器和可调谐滤光器等。

一、实验目的

(1) 深刻理解声光调制的基本原理。

(2) 掌握声光调制实验系统的基本组成与调试方法，完成音频信号的光通信实验，并测量声光偏转角及声速。

(3) 学习以光具座为系统的光路设计、搭建和调节技能。

(4) 拓展研究声光调制器的基本原理及其在激光技术与光信息处理等方面的应用。

二、实验原理

1. 声光效应简介

声光效应是指光波在介质中传播时，被超声波场衍射或散射的现象。声波是一种弹性波，声波在介质中传播会产生弹性应力或应变，这种现象称为弹光效应。介质弹性形变导致介质密度交替变化，从而引起介质折射率的周期变化，并形成折射率光栅。当光波在介质中传播时，就会发生衍射现象，衍射光的强度、频率和方向等将随着超声场的变化而变化。声光调制就是基于这种效应来实现光调制与光偏转的。

根据声波频率的高低和声光作用的超声场长度的大小的不同，声光效应可以分为喇曼－奈斯声光(Ram - Nath)衍射和布喇格(Bragg)衍射两种。

从理论上说，喇曼－奈斯衍射和布喇格衍射是在改变声光衍射参数时出现的两种极端情况。影响出现这两种衍射情况的主要参数是声波长 λ_s、光束入射角 θ_i 及声光作用距离 L。为了给出区分两种衍射的定量标准，特引入参数 G 来表征：

$$G = \frac{k_s^l L}{k_i \cos\theta_i} = \frac{2\pi\lambda L}{\lambda_s^2 \cos\theta_i} \tag{8-1}$$

其中，$\lambda = \lambda_0/n$ 为激光在介质中的波长；λ_0 为激光在真空中的波长；n 为声光介质折射率。当 L 小且 λ_s 大($G \ll 1$)时，为喇曼－奈斯衍射；当 L 大且 λ_s 小($G \gg 1$)时，为布喇格衍射。当

G 参数大到一定值后，除 0 级和 +1 级外，其他各级衍射光的强度都很小，可以忽略不计。达到这种情况时即认为已进入布喇格衍射区。经过多年的实践，现已普遍采用下列定量标准：

（1）$G \geqslant 4\pi$ 时为布喇格衍射区；

（2）$G < \pi$ 时为喇曼—奈斯衍射区。

为便于应用，又引入参量 $L_0 = \dfrac{\lambda_s^2 \cos\theta_i}{\lambda} \approx \dfrac{\lambda_s^2}{\lambda}$，则 $G = \dfrac{2\pi L}{L_0}$，因此，上面的定量标准可以写成：

（1）$L \geqslant 2L_0$ 时为布喇格衍射区；

（2）$L \leqslant \dfrac{L_0}{2}$ 时为喇曼—奈斯衍射区。

L_0 称为声光器件的特征长度。引入了参数 L_0 可使器件的设计十分简便。由于 $\lambda_s = \nu_s / f_s$ 和 $\lambda = \lambda_0 / n$，故 L_0 不仅与介质的性质（ν_s 和 n）有关，而且与工作条件（f_s 和 λ_0）有关。事实上，L_0 反映了声光互作用的主要特征。

这两种衍射的产生条件对比如表 8.1 所示。

表 8.1   喇曼—奈斯衍射和布喇格衍射产生条件对比

喇曼—奈斯衍射	布喇格衍射
声光作用长度较短	声光作用长度较长
超声波的频率较低	超声波的频率较高
光波垂直于声场传播的方向	光束与声波波面间以一定的角度斜入射
声光晶体相当于一个"平面光栅"	声光晶体相当于一个"立体光栅"

产生两种衍射的现象上的区别如下：

（1）喇曼—奈斯声光衍射。喇曼—奈斯声光衍射的结果，使光波在远场分成一组衍射光，它们分别对应于确定的衍射角 θ_m（即传播方向）和衍射强度，这一组光是离散型的。各级衍射光对称地分布在零级衍射光两侧，且同级次衍射光的强度相等。这是喇曼—奈斯衍射的主要特征之一。另外，无吸收时衍射光各级极值光强之和等于入射光强，即光功率是守恒的。

（2）布喇格声光衍射。如果声波频率较高，且声光作用长度较大，此时的声扰动介质不再等效于平面位相光栅，而形成了立体位相光栅。这时，相对声波方向以一定角度入射的光波，其衍射光在介质内相互干涉，使高级衍射光相互抵消，只出现 0 级和 ±1 级的衍射光。简言之，我们在光屏上观察到的是 0 级和 +1 级光斑非常亮或者 0 级和 −1 级光斑很亮，而其它各级的光斑却非常弱。

2. 声光调制器的组成

声光调制其实由声光介质、电—声换能器、吸声（或反射）装置、耦合介质及驱动电源等组成，如图 8.1 所示。

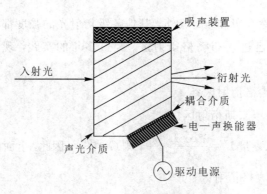

图 8.1　声光调制器

1）声光介质

声光介质是声光互作用的场所。当一束光通过变化的超声场时，由于光与超声场的相互作用，其出射光就成为随时间变化的各级衍射光，利用衍射光强随超声波强度的变化而变化的性质，就可以制成光强度调制器。

2）电—声换能器（又称超声发生器）

电—声换能器利用某些压电晶体（石英、LiNbO$_3$ 等）或压电半导体（CdS，ZnO 等）的反压电效应，在外加电场作用下产生机械振动而形成超声波，所以它起着将电功率转换成声功率的作用。

3）吸声（或反射）装置

吸声装置放置在超声源对面，用来吸收已通过介质的声波（工作于行波状态），以免其返回介质产生干扰，但若要使超声场工作在驻波状态，则需要将吸声装置换成声反射装置。

4）驱动电源

驱动电源用以产生调制电信号并将其施加于电—声换能器两端的电极上，驱动声光调制器（换能器）工作。

5）耦合介质

为了能较小损耗地将超声能量传递到声光介质中去，换能器的声阻抗应该尽量接近介质的声阻抗，这样可以减小两者接触界面的反射损耗。实际上，调制器都是在两者之间加一层耦合介质过渡，它起三个作用：低损耗传能、粘结和电极的作用。

声光调制是利用声光效应将信息加载于光频载波上的一种物理过程。调制信号是以电信号（调幅）形式作用于电声换能器上而转化为以电信号形式变化的超声场，当光波通过声光介质时，由于声光作用，使光载波受到调制而成为"携带"信息的强度调制波。

3. 布喇格声光调制

如果声波频率较高，声光作用长度较大，而且光束与声波波面间以一定的角度斜入射时，光波在介质中要穿过多个声波面，故介质具有"体光栅"的性质。当入射光与声波面间夹角满足一定条件时，介质内各级衍射光将互相抵消，只出现 0 级和 +1 级衍射光，即产生布喇格声光衍射，如图 8.2 所示。因此，若能合理选择参数，超声场足够强，可使入射光能量几乎全部转移到 +1 级和 -1 级衍射极值上。因而光束能量可以得到充分利用，因此，利用布喇格衍射效应制成的声光器件可以获得较高的效率。

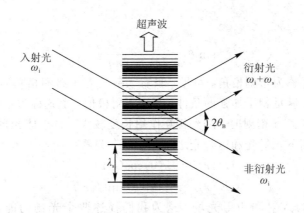

图 8.2 布喇格声光衍射

下面从波的干涉加强条件来推导布喇格方程。为此，可把声波通过的介质近似看作许多相距 λ_s 的部分反射、部分透射的镜面。对于行波场，这些镜面将以速度 v_s 移动（因为 $\omega_m \ll \omega_c$，所以在某一瞬间，超声场可近似看成是静止的，因而对衍射光分布没有影响），对于驻波超声场则完全是不动的，如图 8.3 所示。当平面波以 θ_i 角入射至声波场时，将在 B、C 等各点处部分反射，产生衍射光。各衍射光相干增强的条件是它们之间的光程差应为其波长的整数倍，或者说必须同相位。由于 B、C 点在同一镜面上，若反射光相干增强，必须使光程差 $AC-BD$ 等于光波波长的整数倍，即

$$x(\cos\theta_i - \cos\theta_d) = m\frac{\lambda_0}{n} \quad (m = 0, \pm 1) \tag{8-2}$$

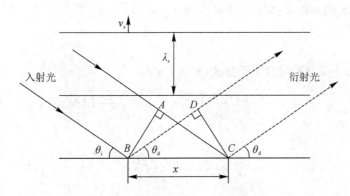

图 8.3 入射光束在同一镜面上发生衍射

要使声波面上所有点同时满足这一条件，只有使：

$$\theta_i = \theta_d \tag{8-3}$$

即入射角等于衍射角才能实现。同理，对于相距 λ_s 的两个不同的镜面上的衍射情况，由上下面反射的反射光具有同相位的条件，其光程差必须等于光波波长的整数倍，即

$$\lambda_s(\sin\theta_i + \sin\theta_d) = \frac{\lambda_0}{n} \tag{8-4}$$

考虑到 $\theta_i = \theta_d$，所以

$$2\lambda_s \sin\theta_B = \frac{\lambda_0}{n}$$

或

$$\sin \theta_B = \frac{\lambda_0}{2n\lambda_s} = \frac{\lambda_0}{2nv_s} f_s \qquad (8-5)$$

式中，$\theta_i = \theta_d = \theta_B$，$\theta_B$ 称为布喇格角。可见，只有入射角等于布喇格角 θ_B 时，在声波面上的光波才具有同相位，满足相干加强的条件，得到衍射极值，上式称为布喇格方程。

由于发生布喇格声光衍射时，声光相互作用长度较大，属于体光栅情况。理论分析表明，在声波场的作用下入射光和衍射光之间存在如下关系：

$$\begin{cases} E_i(r) = E_i(0)\cos(k_{ij}r) \\ E_j(r') = -iE_i(0)\sin(k_{ij}r') \end{cases} \qquad (8-6)$$

式中，E_i 和 E_j 分别为入射和衍射光场，这为我们描述两个光场的能量转换效率提供了方便。

定义： 在作用距离 L 处衍射光强和入射光强之比为声光衍射效率，即

$$\eta = \frac{I_j(L)}{I_i(0)} = \sin^2(k_{ij}L) \qquad (8-7)$$

由于 $\Delta\left(\frac{1}{n_{ij}^2}\right) = p_{ijkl}S_{kl} \approx -\frac{2}{n^3}\Delta n_{ij}$，注意到 $k_{ij} = \frac{n^3}{2\lambda_0}\frac{\pi}{}p_{ijkl}S_{kl} = -\frac{\pi}{\lambda_0}(\Delta n_{ij})$，式(8-7)可写为

$$\eta = \sin^2\left[\frac{\pi}{\lambda}(\Delta n_{ij})L\right] = \sin^2\left(\frac{\Delta\phi}{2}\right) \qquad (8-8)$$

式中，$\Delta\phi$ 是传播距离 L 后位相改变量。引入有效弹光系数 p_e 和有效应变 S_e：

$$\Delta n_{ij} = -\frac{1}{2}n^3 p_e S_e \qquad (8-9)$$

其中，有效应变 S_e 同声波场强度 I_s 的关系为

$$S_e = \left(\frac{2I_s}{\rho v_s^3}\right)^{\frac{1}{2}} \qquad (8-10)$$

式中，v_s 是声速；ρ 是介质密度。于是式(8-8)写成

$$\eta = \sin^2\left[\frac{\pi}{\sqrt{2}\lambda_0}L\left(\frac{n^6 p_e^2 I_s}{\rho v_s^3}\right)^{\frac{1}{2}}\right] = \sin^2\left[\frac{\pi}{\sqrt{2}\lambda_0}L(M_e I_s)^{\frac{1}{2}}\right] \qquad (8-11)$$

或

$$\eta = \frac{I_1}{I_i} = \sin^2\left[\frac{\pi}{\sqrt{2}\lambda_0}\sqrt{\frac{L}{H}M_e P_s}\right] \qquad (8-12)$$

式中，$M_e = \frac{n^6 O p_e^2}{\rho v_s^3}$；$M_e$ 是由介质本身性质决定的量，称为声光材料的品质因数（或声光优值），它是选择声光介质的主要指标之一；$P_s = I_s LH$，为超声功率，L 和 H 为超声换能器的长和宽。

从式(8-12)可见：

(1) 若在超声功率 P_s 一定的情况下，欲使衍射光强尽量大，则要求选择 M_e 大的材料，并且，把换能器做成长面较窄（即 L 大 H 小）的形式。

(2) 如果超声功率足够大，使 $\frac{\pi}{\sqrt{2}\lambda_0}\sqrt{\frac{L}{H}M_e P_s}$ 达到 $\frac{\pi}{2}$ 时，$\eta = 100\%$。

(3) 当 P_s 改变时，$\frac{I_1}{I_i}$ 也随之改变，因而通过控制 P_s（即控制加在电—声换能器上的电

功率）就可以达到控制衍射光强的目的，实现声光调制。

三、实验仪器

本实验所用仪器包括：半导体激光器（波长 532 nm，绿光）及其驱动源、声光开关及其驱动源、光具座、光屏、MP3 播放器、光电探测器、有源音箱等。

四、实验内容及步骤

实验装置如图 8.4 所示。

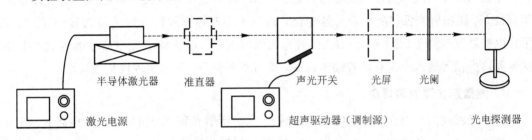

图 8.4　系统装置图

1. 实验系统的搭建与光路调节

按照图 8.4 所示搭建实验系统，并进行光路调节，方法如下：

（1）在光具座上依次放置好半导体激光器、小孔光阑和光电探测器，固定小孔光阑的高度。

注意：图 8.4 中准直器用于压缩半导体激光器的发散角，若半导体激光器自带准直透镜，则不需要使用准直器。

（2）打开电源开关，接通激光电源，调节电源箱上的激光强度旋钮，使激光束达到足够强度。利用小孔光阑来调整光路，先将半导体激光器放置在导轨零点处锁定，把小孔光阑拉移到半导体激光器附近，调整四维调整架上的旋钮，使激光束通过小孔，再把小孔光阑移远一些（基本是声光调制器放置的位置），再次通过旋转四维调整架上的旋钮，使激光束通过小孔，反复调节，使得一定距离内激光束是水平光。

（3）正确连接声光调制器各个部分（包括声光调制器主机、声光开关、电源、数据线等），将声光开关放置于光具座上，载物平台尽量靠近半导体激光器，调整好声光开关高度，使得激光束刚好通过通光孔，调制器主机上电预热 5 分钟。

（4）将光电探测器固定在光具座尾端，调整光电探测器的高度，使得激光束落在光电探测器中心或与探测器中心在同一水平线上。把小孔光阑放置于靠近探测器的位置，重新调整小孔光阑的高度，使得光束通过小孔或与小孔在同一水平线上。将光屏放置在声光开关后，用于观察衍射光斑。

2. 观察声光调制的衍射现象

调节激光束的亮度，使在光屏上有清晰的光点呈现；微调载物平台上声光调制器的转向角度，以改变声光晶体的光束入射角，即可出现衍射光斑；仔细调节光束相对声光开关的角度，当＋1级（或－1级）衍射光最强时，声光调制器运转在布喇格衍射条件下，入射角等于布喇格角；此时通过调节小孔光阑的横向微调旋钮，使光强较强的＋1（或－1级）衍射光通过小孔光阑，调节光电探测器的横向微调旋钮，使衍射光照在光电探测器的中心，以便达到最佳探测效果。

3. 声光调制与音频激光传输实验

在驱动源输入端加入外调制信号，这里采用 MP3 播放器播放音频信号，将播放音量调至最大，则衍射光强将随声音信号变化，相当于用调幅方式将音频信号加载到光波上；用光电探测器探测＋1级（或－1级）衍射光的强弱变化，即完成了音频信号的解调；光电探测器输出信号送入有源音箱音频输入端，即可听到音乐，从而实现模拟光通信。

4. 测量声光调制偏转角

采用光屏观察衍射光斑，测量＋1级（或－1级）衍射光和 0 级衍射光间的距离 d、声光调制器到光屏之间的距离 L，由于 $L \gg d$，即可求出声光调制的偏转角：

$$\theta_D \approx \tan\theta_D \approx \frac{d}{L}$$

5. 测量超声波的波速 v_s

将超声波频率 f_s、偏转角 θ_D（利用前面的结果）与激光波长代入 $v_s = \frac{f_s\lambda_0}{2n\sin(\theta_D/2)} \approx \frac{f_s\lambda_0}{n\theta_D}$ 求得波速。其中，$f_s = 100$ MHz，$\lambda_0 = 532$ nm，$n = 1.5$。

五、数据处理

(1) 计算声光调制偏转角。记录 ± 1 级光和 0 级光间的距离 d，声光调制器到接收孔之间的距离 L，带入公式 $\theta_D \approx \tan\theta_D \approx \frac{d}{L}$，计算声光调制偏转角。

(2) 计算超声波的波速 v_s。将声光偏转角带入公式 $v_s \approx \frac{f_s\lambda_0}{n\theta_D}$，计算声速。

六、思考与讨论

(1) 什么是弹光效应和声光效应？产生布喇格声光衍射的条件是什么？布喇格声光衍射及喇曼—奈斯衍射的区别及联系如何？

(2) 简述布喇格声光调制实现的过程。

七、参考文献

［1］石顺祥. 物理光学与应用光学. 西安：西安电子科技大学出版社，2014.

［2］俞宽新. 声光原理与声光器件. 北京：科学出版社，2011.

实验九　电光效应观测

当给晶体或液体加上电场后，该晶体或液体的折射率发生变化，这种现象称为电光效应。电光效应在工程技术和科学研究中有许多重要应用，它有很短的响应时间（可以跟上频率为 10^{10} Hz 的电场变化），可以在高速摄影中作快门或在光速测量中作光束斩波器等。在激光出现以后，电光效应的研究和应用得到迅速的发展，电光器件被广泛应用在激光通信、激光测距、激光显示和光学数据处理等方面。

一、实验目的

（1）深刻理解电光效应的基本理论。

（2）掌握电光效应观测实验光路的调节方法，以及电光调制器半波电压的测量与数据处理方法。

（3）学习以光具座为系统的光路设计、搭建和调节技能。

（4）拓展研究电光效应在激光技术、激光调制、电压传感等领域的应用。

二、实验原理

1. 一次电光效应和晶体的折射率椭球

由电场所引起的晶体折射率的变化，称为电光效应。通常可将电场引起的折射率的变化用下式表示：

$$n = n_0 + aE_0 + bE_0^2 + \cdots \tag{9-1}$$

式中，a 和 b 为常数；n_0 为不加电场时晶体的折射率。由一次项 aE_0 引起折射率变化的效应，称为一次电光效应，也称线性电光效应或普克尔（Pokells）效应；由二次项 bE_0^2 引起折射率变化的效应，称为二次电光效应，也称平方电光效应或克尔（Kerr）效应。一次电光效应只存在于不具有对称中心的晶体中，二次电光效应则可能存在于任何物质中，一次效应要比二次效应显著。

光在各向异性晶体中传播时，因光的传播方向不同或者是电矢量的振动方向不同，光的折射率也不同。如图 9.1 所示，通常用折射率椭球来描述折射率与光的传播方向、振动方向的关系。在主轴坐标系中，折射率椭球及其方程为

$$\frac{x^2}{n_1^2} + \frac{y^2}{n_2^2} + \frac{z^2}{n_3^2} = 1 \tag{9-2}$$

式中，n_1、n_2、n_3 为椭球三个主轴方向上的折射率，称为主折射率。当晶体加上电场后，折

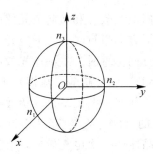

图 9.1　折射率椭球

射率椭球的形状、大小、方位都发生变化，椭球方程变成

$$\frac{x^2}{n_{11}^2} + \frac{y^2}{n_{22}^2} + \frac{z^2}{n_{33}^2} + \frac{2yz}{n_{23}^2} + \frac{2xz}{n_{13}^2} + \frac{2xy}{n_{12}^2} = 1 \tag{9-3}$$

只考虑一次电光效应，式(9-3)与式(9-2)项的系数之差和电场强度的一次方成正比。由于晶体的各向异性，电场在 x、y、z 各个方向上的分量对椭球方程的各个系数的影响是不同的，我们用下列形式表示：

$$\begin{cases} \dfrac{1}{n_{11}^2} - \dfrac{1}{n_1^2} = \gamma_{11}E_x + \gamma_{12}E_y + \gamma_{13}E_z \\[2mm] \dfrac{1}{n_{22}^2} - \dfrac{1}{n_2^2} = \gamma_{21}E_x + \gamma_{22}E_y + \gamma_{23}E_z \\[2mm] \dfrac{1}{n_{33}^2} - \dfrac{1}{n_3^2} = \gamma_{31}E_x + \gamma_{32}E_y + \gamma_{33}E_z \\[2mm] \dfrac{1}{n_{23}^2} = \gamma_{41}E_x + \gamma_{42}E_y + \gamma_{43}E_z \\[2mm] \dfrac{1}{n_{13}^2} = \gamma_{51}E_x + \gamma_{52}E_y + \gamma_{53}E_z \\[2mm] \dfrac{1}{n_{12}^2} = \gamma_{61}E_x + \gamma_{62}E_y + \gamma_{63}E_z \end{cases} \tag{9-4}$$

式(9-4)是晶体一次电光效应的普遍表达式。式中，γ_{ij} 叫做电光系数($i = 1, 2\cdots, 6$；$j = 1, 2, 3$)，共有18个；E_x、E_y、E_z 是电场 E 在 x、y、z 方向上的分量。式(9-4)可写成矩阵形式：

$$\begin{pmatrix} \dfrac{1}{n_{11}^2} - \dfrac{1}{n_1^2} \\[2mm] \dfrac{1}{n_{22}^2} - \dfrac{1}{n_2^2} \\[2mm] \dfrac{1}{n_{33}^2} - \dfrac{1}{n_3^2} \\[2mm] \dfrac{1}{n_{23}^2} \\[2mm] \dfrac{1}{n_{13}^2} \\[2mm] \dfrac{1}{n_{12}^2} \end{pmatrix} = \begin{bmatrix} \gamma_{11} & \gamma_{12} & \gamma_{13} \\ \gamma_{21} & \gamma_{22} & \gamma_{23} \\ \gamma_{31} & \gamma_{32} & \gamma_{33} \\ \gamma_{41} & \gamma_{42} & \gamma_{43} \\ \gamma_{51} & \gamma_{52} & \gamma_{53} \\ \gamma_{61} & \gamma_{62} & \gamma_{63} \end{bmatrix} \begin{bmatrix} E_x \\ E_y \\ E_z \end{bmatrix} = \begin{bmatrix} \gamma_{ij} \end{bmatrix} \begin{bmatrix} E_x \\ E_y \\ E_z \end{bmatrix} \tag{9-5}$$

其中，矩阵 $[\gamma_{ij}]$ 称为晶体的电光系数矩阵。

晶体的一次电光效应分为纵向电光效应和横向电光效应两种。纵向电光效应是加在晶体上的电场方向与光在晶体里传播方向平行时产生的电光效应；横向电光效应是加在晶体上的电场方向与光在晶体里传播方向垂直时产生的电光效应。

常用的电光晶体包括 KDP(KH_2PO_4，磷酸二氢钾)、KD^*P(磷酸二氘钾)、ADP(磷酸二氘铵)以及 $LiNbO_3$(铌酸锂)等，其非零电光系数等特性参数可参见表 9.1。

通常 KD^*P 类型的晶体用它的纵向电光效应，$LiNbO_3$(铌酸锂)类型的晶体用它的横向电光效应。本实验研究铌酸锂晶体的一次电光效应，用铌酸锂晶体的横向调制装置测量铌酸锂晶体的半波电压。

表 9.1 电光晶体(electro-optic crystals)的特性参数

点群对称性	晶体材料	折射率		波长 $/\mu m$	非零电光系数 $(10^{-12}\,m/V)$
		n_0	n_e		
3m	$LiNbO_3$	2.297	2.208	0.633	$\gamma_{13} = \gamma_{23} = 8.6,\ \gamma_{33} = 30.8$ $\gamma_{42} = \gamma_{51} = 28,\ \gamma_{22} = 3.4$ $\gamma_{12} = \gamma_{61} = -\gamma_{22}$
32	Quartz (SiO_2)	1.544	1.553	0.589	$\gamma_{41} = -\gamma_{52} = 0.2$ $\gamma_{62} = \gamma_{21} = -\gamma_{11} = 0.93$
$\bar{4}2m$	KH_2PO_4 (KDP)	1.5115	1.4698	0.546	$\gamma_{41} = \gamma_{52} = 8.77,\ \gamma_{63} = 10.3$
		1.5074	1.4669	0.633	$\gamma_{41} = \gamma_{52} = 8,\ \gamma_{63} = 11$
$\bar{4}2m$	$NH_4H_2PO_4$ (ADP)	1.5266	1.4808	0.546	$\gamma_{41} = \gamma_{52} = 23.76,\ \gamma_{63} = 8.56$
		1.5220	1.4773	0.633	$\gamma_{41} = \gamma_{52} = 23.41,\ \gamma_{63} = 7.828$
$\bar{4}3m$	KD_2PO_4 (KD^*P)	1.5079	1.4683	0.546	$\gamma_{41} = \gamma_{52} = 8.8,\ \gamma_{63} = 26.8$
$\bar{4}3m$	GaAs	3.60		0.9	$\gamma_{41} = \gamma_{52} = \gamma_{63} = 1.1$
		3.34		1.0	$\gamma_{41} = \gamma_{52} = \gamma_{63} = 1.5$
		3.20		10.6	$\gamma_{41} = \gamma_{52} = \gamma_{63} = 1.6$
$\bar{4}3m$	InP	3.42		1.06	$\gamma_{41} = \gamma_{52} = \gamma_{63} = 1.45$
		3.29		1.35	$\gamma_{41} = \gamma_{52} = \gamma_{63} = 1.3$
$\bar{4}3m$	ZnSe	2.60		0.633	$\gamma_{41} = \gamma_{52} = \gamma_{63} = 2.0$
$\bar{4}3m$	β- ZnS	2.36		0.6	$\gamma_{41} = \gamma_{52} = \gamma_{63} = 2.1$

2. KDP 晶体的纵向电光效应

KDP 晶体是单轴晶体，属于四方晶系。属于这一类型的晶体还有 ADP、KD^*P 等，它们同为 $\bar{4}2m$ 晶体点群，其电光系数矩阵可以表示为

$$[\gamma_{ij}] = \begin{vmatrix} 0 & 0 & 0 \\ 0 & 0 & 0 \\ 0 & 0 & 0 \\ \gamma_{41} & 0 & 0 \\ 0 & \gamma_{41} & 0 \\ 0 & 0 & \gamma_{63} \end{vmatrix} \tag{9-6}$$

如图 9.2 所示，设电光晶体是与 xy 平行的晶片（c-cut），沿 z 方向的厚度为 L，在 z 方向加电压（纵向应用），则可得主轴坐标系下的折射率椭球方程为

$$\frac{x^2}{n_0^2} + \frac{y^2}{n_0^2} + \frac{z^2}{n_e^2} + 2\gamma_{63}E_z xy = 1 \tag{9-7}$$

经坐标变换后，可得到新的主轴坐标系下的感应折射率椭球方程，新的主轴坐标可由原主轴坐标绕 z 轴旋转 45° 得到

$$\frac{x'^2}{n_{x'}^2} + \frac{y'^2}{n_{y'}^2} + \frac{z^2}{n_e^2} = 1 \tag{9-8}$$

其中，

$$\begin{cases} n_{x'} = n_0 - \dfrac{1}{2}n_0^3\gamma_{63}E_z \\ n_{y'} = n_0 + \dfrac{1}{2}n_0^3\gamma_{63}E_z \end{cases} \tag{9-9}$$

如图 9.2 所示，入射光波沿 z 方向传播，经起偏器 P_1 后得到 x 方向线偏振光，射入晶体后，分解成 x'、y' 方向的线偏振光，射出晶体后的偏振态表示为

$$\hat{J}_{x'y'} = \frac{1}{\sqrt{2}} \begin{bmatrix} e^{i(\Gamma/2)} \\ e^{-i(\Gamma/2)} \end{bmatrix} \tag{9-10}$$

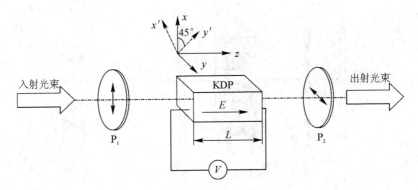

图 9.2 KDP 晶体的纵向应用

首先进行坐标变换，得到 xy 坐标系内琼斯矩阵的表达式：

$$R(\pi/4)\hat{J}_{x'y'} = \frac{1}{2}\begin{bmatrix} 1 & 1 \\ -1 & 1 \end{bmatrix}\begin{bmatrix} e^{i(\Gamma/2)} \\ e^{-i(\Gamma/2)} \end{bmatrix} = \begin{bmatrix} \cos\dfrac{\Gamma}{2} \\ -i\sin\dfrac{\Gamma}{2} \end{bmatrix} \tag{9-11}$$

如果在输出端放一个与 y 平行的检偏器 P_2，就构成 Pokells（泡克耳斯）盒（见图 9.3）。经由 P_2 输出的光波琼斯矩阵为

$$\hat{J}'_{xy} = \begin{bmatrix} 0 & 0 \\ 0 & 1 \end{bmatrix} \begin{bmatrix} \cos\dfrac{\Gamma}{2} \\ -\mathrm{i}\sin\dfrac{\Gamma}{2} \end{bmatrix} = \begin{bmatrix} 0 \\ -\mathrm{i}\sin\dfrac{\Gamma}{2} \end{bmatrix} \qquad (9-12)$$

其中，Γ 为两个本征态通过厚度为 L 的电光晶体获得的相位差，可以计算为

$$\Gamma = \frac{2\pi}{\lambda}(n_{y'} - n_{x'})L = \frac{2\pi}{\lambda}n_0^3\gamma_{63}E_zL = \frac{2\pi}{\lambda}n_0^3\gamma_{63}U = \pi\frac{U}{U_\pi}$$

其中，$U_\pi = \dfrac{\lambda}{2n_0^3\gamma_{63}}$，为半波电压（相位差 $\Gamma = \pi$ 时的电压）。

式（9-12）表示输出光波是沿 y 方向的线偏振光，其光强为

$$I' = \frac{I_0}{2}(1 - \cos\Gamma) = I_0\sin^2\left(\frac{\pi U}{2U_\pi}\right) \qquad (9-13)$$

上式说明光强受到外加电压的调制，称振幅调制。I_0 为光强的幅值，当 $U = U_\pi$ 时，$I' = I_0$。

图 9.3 为泡克耳斯盒（振幅型纵向调制系统）示意图，z 向切割的 KD*P 晶体两端胶合上透明电极 ITO$_1$、ITO$_2$，电压通过透明电极加到晶体上，在玻璃基底上蒸镀透明导电膜，就构成透明电极，膜层材料为锡、铟的氧化物，膜层厚度从几十微米到几百微米，其透明度高（>80%~90%），面电阻小（几十欧姆）。在通光孔径外镀铬，再镀金或铜即可将电极引线焊上。KD*P 调制器前后为一对互相正交的起偏镜 P 与检偏镜（分析镜）A，P 的透过率极大方向沿 KD*P 感生主轴 x'、y' 的角平分线。在 KD*P 和 A 之间通常还加相位延迟片 Q（即 1/4 波片），其快、慢轴方向分别与 x'、y' 相同。由于入射光波预先通过 1/4 波片移相，因而有

$$I' = \frac{I_0}{2}\left[1 - \cos(\Gamma + \Gamma_0)\right]\Big|_{\Gamma_0 = \pi/2} = I_0\sin^2\left(\frac{\pi U}{2U_\pi} + \frac{\pi}{4}\right) \qquad (9-14)$$

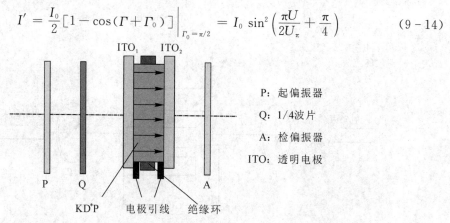

P: 起偏振器

Q: 1/4波片

A: 检偏振器

ITO: 透明电极

图 9.3　泡克耳斯盒

泡克耳斯盒的透过率曲线见图 9.4(a)，当外加电压小于半波电压时，其输出随着外电压的增加而增加，表明有更多的能量从 x-偏振态转移到 y-偏振态中去。

如果在电极间加交变电压：

$$U = U_m\sin\Omega t \qquad (9-15)$$

则泡克耳斯盒的透过率为

$$T = \frac{1}{2} + \frac{1}{2}\sin(\Gamma_m\sin\Omega t) = \frac{1}{2} + \sum_{k=0}^{\infty}J_{2k+1}\left(\frac{\Gamma_m}{2}\right)\sin\left[(2k+1)\Omega t\right] \qquad (9-16)$$

式中，$J_{2k+1}(z)$ 为 $2k+1$ 阶贝塞尔函数。

$$\Gamma_m = \frac{\pi U_m}{U_\pi} \tag{9-17}$$

当 Γ_m 不大时(即调制电压幅度较低时)，式(9-16)近似表示为

$$T = \frac{1}{2} + \frac{\Gamma_m}{2}\sin\Omega t \tag{9-18}$$

可见，系统的输出光波的幅度也是正弦变化，称为正弦振幅调制。

图9.4表示振幅型电光调制器的特性曲线，图中，$P_i(t)$ 为输入光信号的功率；$P_t(t)$ 为输出光信号的功率；$P_t(t)/P_i(t)$ 即器件的透过率 T；$U(t)$ 为调制电压。可见，1/4 波片的作用相当于将工作点偏置到特性曲线中部线性部分，在该点进行调制效率最高，波形失真小。如不用 1/4 波片($\Gamma_0 = 0$)，输出信号中只存在二次谐波分量。

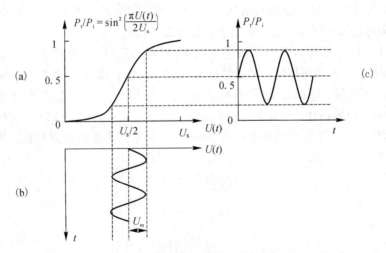

图9.4 线性电光效应振幅调制器的特性曲线($\Gamma_0 = 0$)

对于氦氖激光，KDP 的半波电压为

$$U_\pi = \frac{\lambda_0}{(2n_0^3\gamma_{63})} = 8.971 \times 10^3 \text{V}$$

如果用 KD*P(磷酸二氘钾)，则 $U_\pi = 3.448 \times 10^3 \text{V}$，调制电压仍相当高，给电路的制造带来不便。我们经常用环状金属电极代替透明电极，但仍然存在缺点，即电场方向在晶体中不一致，使透过调制器的光波的消光比下降。

3. 铌酸锂(LiNbO₃)晶体的横向电光效应

由式(9-18)表明纵向调制器件的调制度近似为 Γ_m，与外加电压振幅成正比，而与光波在晶体中传播的距离(即晶体沿光轴 z 的厚度 L，又称作用距离)无关。这是纵调制的重要特性。纵调制器也有一些缺点。首先，大部分重要的电光晶体的半波电压 U_π 都很高。由于 U_π 与 λ 成正比，当光源波长较长时(例如 $10.6\ \mu m$)，U_π 更高，使控制电路的成本大大增加，电路体积和重量都很大。其次，为了沿光轴方向施加电场，必须使用透明电极，或带中心孔的环形金属电极。前者制作困难，插入损耗较大；后者会导致晶体中电场不均匀。解决上述问题的方案之一，是采用横调制。图9.5所示为横调制器示意图。电极 D_1、D_2 与光波传播方向平行；外加场与光波传播方向垂直。

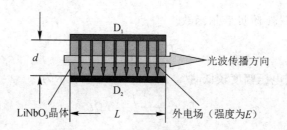

图 9.5 横调制器

我们已经知道，电光效应引起的相位差 Γ 正比于电场强度 E 和作用距离 L（即晶体沿光轴 z 的厚度）的乘积 EL，E 正比于电压 U、反比于电极间距离 d，因此

$$\Gamma \sim \frac{LU}{d} \qquad (9-19)$$

对一定的 Γ，外加电压 U 与晶体长宽比 L/d 成反比，加大 L/d 可使得 U 下降。电压 U 下降不仅使控制电路成本下降，而且有利于提高开关速度。

铌酸锂（LiNbO₃）晶体以及与之同类型的钽酸锂（LiTaO₃）、钽酸钡（BaTaO₃）等晶体，属于 3m 晶体点群，为单轴晶体。它们在 $0.4 \sim 0.5\ \mu m$ 波长范围内的透过率高达 98%，光学均匀性好，不潮解，因此在光电子技术中经常应用。主要缺点是光损伤阈值较低。LiNbO₃ 晶体为负单轴晶体，有 $n_x = n_y = n_0 = 2.297$，$n_z = n_e = 2.208$，具有优良的加工性能及很高的电光系数（$\gamma_{33} = 30.8 \times 10^{-12}\ \mathrm{m/V}$），常常用来做成横调制器，其线性电光系数矩阵为

$$[\gamma_{ij}] = \begin{bmatrix} 0 & -\gamma_{22} & \gamma_{13} \\ 0 & \gamma_{22} & \gamma_{13} \\ 0 & 0 & \gamma_{33} \\ 0 & \gamma_{51} & 0 \\ \gamma_{51} & 0 & 0 \\ -\gamma_{22} & 0 & 0 \end{bmatrix} \qquad (9-20)$$

1）电场沿着 z 方向，光沿着 y 方向（或 x 方向）传播

令电场强度沿着 z 方向，即 $E = E_z$，代入式（9-3）、式（9-4）可得感应折射率椭球方程为

$$\left(\frac{1}{n_0^2} + \gamma_{13}E_z\right)(x^2 + y^2) + \left(\frac{1}{n_e^2} + \gamma_{33}E_z\right)z^2 = 1 \qquad (9-21)$$

或写作

$$\frac{x^2}{n_x^2} + \frac{y^2}{n_y^2} + \frac{z^2}{n_z^2} = 1 \qquad (9-22)$$

其中，

$$\left(n_x = n_y \approx n_0 - \frac{1}{2}n_0^3\gamma_{13}E_z \qquad (9-23)\right)$$

$$n_z \approx n_e - \frac{1}{2}n_e^3\gamma_{33}E_z \qquad (9-24)$$

可见，这一情况下，电场感生坐标系和主轴坐标系一致，仍然为单轴晶体，但寻常光和非常光的折射率都受到外电场的调制。设线偏振光沿着 y 方向入射晶体，偏振方向沿 xz

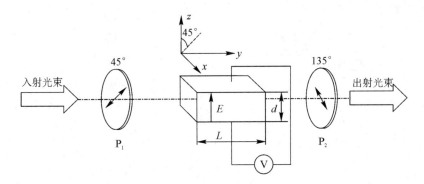

图 9.6　LiNbO₃ 晶体的横向电光效应原理图（电场沿着 z 方向，光波沿着 y 方向）

的角平分线方向（45°线偏振），两个本征态 x 和 z 分量的折射率差为

$$n_x - n_z = (n_0 - n_e) - \frac{1}{2}(n_0^3 \gamma_{13} - n_e^3 \gamma_{33}) E_z \tag{9-25}$$

当晶体的横向厚度为 d（电极间距），通过方向长度为 L 时，射出晶体后光波的两个本征态的相位差为

$$\Gamma = \frac{2\pi}{\lambda_0}(n_x - n_z)L = \frac{2\pi}{\lambda_0}(n_0 - n_e)L - \frac{2\pi}{\lambda_0}\frac{n_0^3 \gamma_{13} - n_e^3 \gamma_{33}}{2} E_z L \tag{9-26}$$

式（9-26）说明在横调制情况下，相位差由两部分构成：晶体的自然双折射部分（式中第一项）及电光双折射部分（式中第二项）。通常使自然双折射项等于 $\pi/2$ 的整倍数。

横调制器件的半波电压为

$$U_\pi = \frac{d}{L}\frac{\lambda_0}{n_e^3 \gamma_{33} - n_0^3 \gamma_{13}} \tag{9-27}$$

我们用到关系式 $E_z = U/d$。由上式可知半波电压 U_π 与晶体长宽比 L/d 成反比，因而可以通过加大器件的长宽比 L/d 来减小 U_π。

横调制器的电极不在光路中，工艺上比较容易解决。横调制的主要缺点在于它对波长 λ_0 很敏感，λ_0 稍有变化，自然双折射引起的相位差即发生显著的变化。当波长确定时（例如使用激光），这一项又强烈地依赖于作用距离 L。加工误差、装调误差引起的光波方向的稍许变化都会引起相位差的明显改变，因此通常只用于准直的激光束中。或用一对晶体，第一块晶体的 x 轴与第二块晶体的 z 轴相对，使晶体的自然双折射部分（式（9-26）中第一项）相互补偿，以消除或降低器件对温度、入射方向的敏感性。有时也用巴比涅-索勒尔（Babinet-Soleil）补偿器，将工作点偏置到特性曲线的线性部分。

2）场在 xOy 面内，光沿着 z 方向传播

如图 9.7 所示，当 x 轴方向加电场，光沿 z 轴方向传播时，晶体由单轴晶体变为双轴晶体，垂直于光轴 z 方向折射率椭球截面由圆变为椭圆，此椭圆方程为

$$\left(\frac{1}{n_0^2} - \gamma_{22} E_x\right)x^2 + \left(\frac{1}{n_0^2} + \gamma_{22} E_x\right)y^2 - 2\gamma_{22} E_x xy = 1 \tag{9-28}$$

进行主轴变换后得到

$$\left(\frac{1}{n_0^2} - \gamma_{22} E_x\right)x'^2 + \left(\frac{1}{n_0^2} + \gamma_{22} E_x\right)y'^2 = 1 \tag{9-29}$$

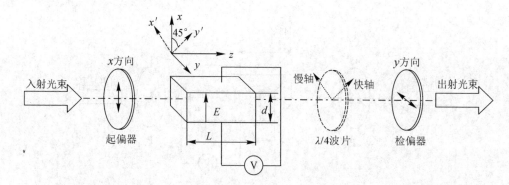

图 9.7　LiNbO₃晶体的横向电光效应原理图（电场沿着 x 方向，光波沿 z 方向）

此时，新折射率椭球的截线椭圆绕 z 轴旋转了 45°，将其表示为标准椭圆方程的形式：

$$\frac{x'^2}{n_{x'}^2} + \frac{y'^2}{n_{y'}^2} = 1 \tag{9-30}$$

考虑到 $n_0^2 \gamma_{22} E_x \ll 1$ ，有

$$\begin{cases} n_{x'} = n_0 + \dfrac{1}{2} n_0^3 \gamma_{22} E_x \\[2mm] n_{y'} = n_0 - \dfrac{1}{2} n_0^3 \gamma_{22} E_x \end{cases} \tag{9-31}$$

因此，x 方向线偏振光经过电光调制器后，两个本征态之间所产生的相位延迟为

$$\Gamma = \frac{2\pi}{\lambda_0}(n_{x'} - n_{y'})L = \frac{2\pi}{\lambda_0} n_0^3 \gamma_{22} E_x L = \frac{2\pi}{\lambda_0} n_0^3 \gamma_{22} U \frac{L}{d} \tag{9-32}$$

其中，$U = E_x d$ ，为调制器电压。因此，半波电压为

$$U_\pi = \frac{\lambda_0}{2 n_0^3 \gamma_{22}} \left(\frac{d}{L}\right) \tag{9-33}$$

由此可见，在 LiNbO₃晶体 xOy 平面内外加电场，光沿着 z 方向传播，可以避免自然双折射的影响，同时半波电压较低。因此，一般情况下，若用 LiNbO₃晶体作电光元件，多采用这种工作方式。本实验所用 LiNbO₃电光调制器即采用此种工作方式。

综上，我们所讨论的调制模式均为振幅调制，其物理实质在于：输入的线偏振光在调制晶体中分解为一对偏振方向正交的本征态，在晶体中传播一段距离后获得相位差 Γ，Γ 为外加电压的函数。在输出端的偏振元件透光轴上这一对正交偏振分量重新叠加，输出光的振幅被外加电压所调制，这是典型的偏振光干涉效应。

三、实验仪器

本实验所用仪器主要包括：氦氖激光器及其驱动源、光闸、起偏器、检偏器、电光调制器、电光调制器电源、激光功率计、1/4 波片、光具座等。

四、实验内容及步骤

实验装置图如图 9.8 所示。

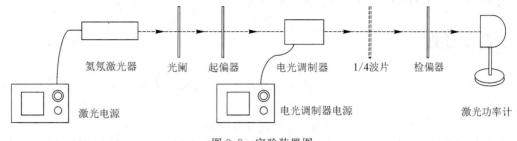

图 9.8　实验装置图

1. 实验系统搭建与光路调节

按照图 9.8 所示搭建实验系统，并进行光路调节，方法如下：

（1）在光具座上依次摆放氦氖激光器、可变孔径光阑、起偏器、电光调制器、1/4 波片、检偏器和激光功率计，其中氦氖激光器固定在光具座一端，激光功率计放置在另一端。

（2）接通激光电源开关，氦氖激光器发出红色激光束，固定小孔光阑的高度，用小孔光阑来调整光路水平，先将氦氖激光器放置在导轨零点处锁定，把小孔光阑拉移到氦氖激光器附近，调整四维调整架上的旋钮，使激光束通过小孔，再把小孔光阑移远一些（靠近检偏器位置放置），再次通过旋转四维调整架上的旋钮，使激光束通过小孔，反复调节，使得一定距离内激光束是水平光。之后，将小孔光阑重新放置于激光器输出端锁定，调整横向位置，让光束通过小孔中心，如果为可变孔径光阑，则可将光阑孔径调为最大，避免遮挡光束。

（3）调整起偏器、检偏器、1/4 波片的高度和角度，让光束基本由中心位置垂直入射，并锁定。依据偏振片架上的偏振方向指示及刻度，旋转起偏器为水平起偏（x 方向），检偏器为垂直检偏（y 方向）。

说明：是否垂直入射可通过观察反射光束判断，如果反射光束基本沿着入射光束方向，可以认为已经满足垂直入射。

（4）正确连接电光调制器与驱动器之间的连线，调整好电光调制器高度与横向位置，使得激光束刚好垂直入射电光晶体，由通光孔中心通过，锁定调整架。启动电光调制器电源，电压旋钮调至 0V 位置，预热 5 分钟。

注意：电光调制器通光孔径较小，调节时必须仔细观察，确保光束从通光孔中心通过，否则，将对实验结果产生严重影响。

（5）将激光功率计固定在光具座尾端，调整激光功率计的高度，使得激光照射在激光功率计感光面中心位置。启动功率计，选择功率计的工作波长为 632.8 nm，并进行功率调零。

2. 测量半波电压

在完成光路调节后，缓慢旋转 1/4 波片，观察激光功率计读数变化；通过旋转 1/4 波片，将透射激光功率调至最小（或者从光路中去除 1/4 波片亦可）；缓慢旋转电光调制器电源的直流偏置电压调节旋钮，加在电光晶体上的横向电压从零开始，逐渐增大，由电源面板上的数字表读出，每增加 20 V 记录一次功率计读数，直至电压达到最大。所记录的透射激光功率值将会出现由小到大的连续变化，达到极大值之后又逐渐变小，直至出现极小值后又逐渐增加，相邻极小值和极大值对应的直流电压之差即为半波电压。

五、数据处理

（1）将电光晶体上的横向电压值由零逐渐增至最大，间隔取为 20 V，将测量结果按照表 9.2 格式记录。

表 9.2　测量数据表

电压 U/V	0	20	40	60	80	100	120	140	160	180	200
功率 P/μW											
电压 U/V	220	240	260	280	300	320	340	360	380	400	420
功率 P/μW											
电压 U/V	440	460	480	500	520	540	560	580	600	620	……
功率 P/μW											

（2）依据表 9.2 的测量结果，绘制电压功率曲线（U-P 曲线），找出相邻的功率极大值与极小值所对应的电压值，确定电光调制器的半波电压。

六、思考与讨论

（1）何为电光效应？如何分类？

（2）一次电光效应的横向应用与纵向应用有什么区别？

（3）什么是电光调制器的半波电压？如何测量？

七、参考文献

［1］石顺祥. 物理光学与应用光学. 西安：西安电子科技大学出版社，2014.

［2］宋贵才，全薇，等. 物理光学理论与应用. 北京：北京大学出版社，2015.

实验十 电光调制实验

激光是一种光频电磁波，具有良好的方向性、相干性，与无线电波相似，可用来作为传递信息的载波。要用激光作为信息的载体，就必须解决如何将信息加到激光上去的问题。例如激光电话，就需要将语言信息加载于激光，由激光"携带"信息通过一定的传输通道送到接收器，再由光接收器鉴别并还原成原来的信息。这种将信息加载于激光的过程称之为调制，到达目的地后，经光电转换从中分离出原信号的过程称为解调。其中激光称为载波，起控制作用的信号称为调制信号。与无线电波相似，激光调制按性质分，可以采用连续的调幅、调频、调相以及脉冲调制等形式。常采用强度调制。强度调制根据光载波电场振幅的平方正比于调制信号，使输出的激光辐射强度按照调制信号的规律变化。激光之所以常采用强度调制形式，主要是因为光接收器（探测器）一般都可以直接地响应其所接收的光强度变化的缘故。

一、实验目的

（1）深刻理解利用电光调制器实现激光强度调制的基本原理。

（2）掌握音频信号的激光强度调制与解调系统设计、光路调节的方法，以及利用解调正弦波形的倍频失真测量电光调制器半波电压的方法。

（3）学习以光具座为系统的光路设计、搭建和调节技能。

（4）拓展研究电光效应在激光技术、激光调制、电压传感等领域的应用。

二、实验原理

由电场所引起的晶体折射率的变化，称为电光效应。电光效应可以分为一次电光效应和二次电光效应。其中，一次电光效应也叫线性电光效应或普克尔（Pokells）效应，相比于二次电光效应更为显著。人们利用一次电光效应制成电光调制器，广泛用于激光技术、激光通信、光信息处理等领域。电光调制器分为纵向电光调制器、横向电光调制器两类，区别在于所加电场的方向不同。

1. 电光调制器的特性分析

电光调制器（泡克耳斯盒）的透射光强为

$$I' - \frac{I_0}{2}\left[1 \quad \cos(\Gamma + \Gamma_0)\right]\Big|_{\Gamma_0 = \pi/2} = I_0 \sin^2\left(\frac{\pi U}{2U_\pi} + \frac{\pi}{4}\right) \tag{10-1}$$

其中，$\Gamma_0 = \pi/4$ 表示 1/4 波片引入的相位延迟。如果在电极间加交变电压：

$$U = U_m \sin\Omega t \tag{10-2}$$

则泡克耳斯盒的透过率为

$$T = \frac{1}{2} + \frac{1}{2}\sin(\Gamma_{\mathrm{m}}\sin\Omega t) = \frac{1}{2} + \sum_{k=0}^{\infty} \mathrm{J}_{2k+1}\left(\frac{\Gamma_{\mathrm{m}}}{2}\right)\sin(2k+1)\Omega t \qquad (10-3)$$

式中，$\mathrm{J}_{2k+1}(z)$ 为 $2k+1$ 阶贝塞尔函数，Γ_{m} 表示为

$$\Gamma_{\mathrm{m}} = \frac{\pi U_{\mathrm{m}}}{U_{\pi}} \qquad (10-4)$$

其中，U_{π} 为电光调制器的半波电压，对于纵向应用的 KDP 晶片，半波电压可表示为

$$U_{\pi} = \frac{\lambda}{2n_0^3 \gamma_{63}} \qquad (10-5)$$

当 Γ_{m} 不大时（即调制电压幅度较低时），式(10-3)近似表示为

$$T = \frac{1}{2} + \frac{\Gamma_{\mathrm{m}}}{2}\sin\Omega t \qquad (10-6)$$

可见，系统的输出光波的幅度也是正弦变化，称正弦振幅调制。

式(10-6)表明纵向调制器件的调制度近似为 Γ_{m}，与外加电压振幅成正比，而与光波在晶体中传播的距离（即晶体沿光轴 z 的厚度 L，又称作用距离）无关。这是纵调制的重要特性。纵调制器也有一些缺点。首先，大部分重要的电光晶体的半波电压 U_{π} 都很高。由于 U_{π} 与 λ 成正比，当光源波长较长时（例如 $10.6\ \mu m$），U_{π} 更高，使控制电路的成本大大增加，电路体积和重量都很大。其次，为了沿光轴加电场，必须使用透明电极，或带中心孔的环形金属电极。前者制作困难，插入损耗较大；后者会引起晶体中电场不均匀。解决上述问题的方案之一，是采用横向电光调制器，使外加电场与光波传播方向垂直。

我们已经知道，电光效应引起的相位差 Γ 正比于电场强度 E 和作用距离 L（即晶体沿光轴 z 的厚度）的乘积 EL，E 正比于电压 U、反比于电极间距离 d，因此有

$$\Gamma \sim \frac{LU}{d} \qquad (10-7)$$

对一定的 Γ，外加电压 U 与晶体长宽比 L/d 成反比，加大 L/d 可使得 U 下降。电压 U 下降不仅使控制电路成本下降，而且有利于提高开关速度。

对于铌酸锂晶片，若电场方向为 z 方向（光轴方向），通光方向为 y 方向（或 x 方向），晶体 z 方向厚度为 d，y 方向厚度为 L，则射出晶体后光波的两个本征态的相位差为

$$\Gamma = \frac{2\pi}{\lambda_0}(n_x - n_z)L = \frac{2\pi}{\lambda_0}(n_0 - n_e)L - \frac{2\pi}{\lambda_0}\frac{n_0^3\gamma_{13} - n_e^3\gamma_{33}}{2}EL \qquad (10-8)$$

式(10-8)说明在横调制情况下，相位差由两部分构成：晶体的自然双折射部分（式中第一项）及电光双折射部分（式中第二项）。通常使自然双折射项等于 $\pi/2$ 的整倍数。

横调制器件的半波电压为

$$U_{\pi} = \frac{d}{L}\frac{\lambda_0}{n_e^3\gamma_{33} - n_0^3\gamma_{13}} \qquad (10-9)$$

此处用到关系式 $E = U/d$。由式(10-9)可知半波电压 U_{π} 与晶体长宽比 L/d 成反比。因而可以通过加大器件的长宽比 L/d 来减小 U_{π}。

横调制器的电极不在光路中，工艺上比较容易解决。横调制的主要缺点在于它对波长 λ_0 很敏感，λ_0 稍有变化，自然双折射引起的相位差即发生显著的变化。当波长确定时（例如使用激光），这一项又强烈地依赖于作用距离 L。加工误差、装调误差引起的光波方向的稍

许变化都会引起相位差的明显改变，因此通常只用于准直的激光束中。或用一对晶体，第一块晶体的 x 轴与第二块晶体的 z 轴相对，使晶体的自然双折射部分(式(10－8)中第一项)相互补偿，以消除或降低器件对温度、入射方向的敏感性。有时也用巴比涅－索勒尔(Babinet－Soleil)补偿器，将工作点偏置到特性曲线的线性部分。

　　更为常用的铌酸锂横向调制器为：电场为 xOy 平面内任意方向，光波沿着 z 方向(光轴方向)。若电场沿着 x 方向，则 x 方向线偏振光经过电光调制器后，两个本征态之间所产生的相位延迟为

$$\Gamma = \frac{2\pi}{\lambda_0}(n_{x'} - n_{y'})L = \frac{2\pi}{\lambda_0}n_0^3 \gamma_{22} E_x L = \frac{2\pi}{\lambda_0}n_0^3 \gamma_{22} U \frac{L}{d} \tag{10－10}$$

因此，半波电压为

$$U_\pi = \frac{\lambda_0}{2n_0^3 \gamma_{22}}\left(\frac{d}{L}\right) \tag{10－11}$$

　　由此可见，在 $LiNbO_3$ 晶体 xOy 平面内外加电场，光沿着 z 方向传播，可以避免自然双折射的影响，同时半波电压较低。因此，一般情况下，若用 $LiNbO_3$ 晶体作电光元件，多采用这种工作方式。本实验所用 $LiNbO_3$ 电光调制器即采用此种工作方式。

　　利用电光调制器可以实现信号对光频载波的振幅调制，其物理实质在于：输入的线偏振光在调制晶体中分解为一对偏振方向正交的本征态，在晶体中传播一段距离后获得相位差 Γ，Γ 为外加电压的函数。在输出端的偏振元件透光轴上这一对正交偏振分量重新叠加，输出光的振幅被外加电压所调制，这是典型的偏振光干涉效应。

2. 直流偏压对电光调制器特性的影响

　　若不考虑 1/4 波片引入的相位差，则此时电光调制器的透射率可以表示为

$$T = \sin^2\left(\frac{\pi U}{2U_\pi}\right) \tag{10－12}$$

　　考虑电压信号为含有直流偏压的正弦信号：

$$U = U_0 + U_m \sin\omega t \tag{10－13}$$

　　① 当 $U_0 = U_\pi/2$、$U_m \ll U_\pi$ 时，将工作点选定在线性工作区的中心处，如图 10.1(a)所示，此时，可获得较高效率的线性调制。

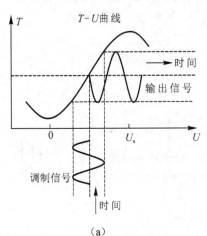
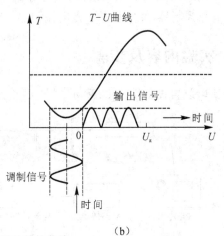

(a)　　　　　　　　　　　　　　　　(b)

图 10.1　电光调制器的特性曲线

由于 $U_m \ll U_\pi$，所以 $T \approx \dfrac{1}{2}\left[1 + \left(\dfrac{\pi U_m}{U_\pi}\right)\sin\omega t\right]$，即

$$T \propto \sin\omega t \qquad\qquad\qquad (10-14)$$

此时，调制器输出的信号和调制信号虽然振幅不同，但是两者的频率却是相同的，输出信号不失真，我们称为线性调制。

② 当 $U_0 = 0$、$U_m \ll U_\pi$ 时，如图 10.1(b)所示，令 $U_0 = 0$，有

$$T = \sin^2\left(\dfrac{\pi U_m}{2U_\pi}\sin\omega t\right) = \dfrac{1}{2}\left[1 - \cos\left(\dfrac{\pi U_m}{U_\pi}\sin\omega t\right)\right]$$

$$\approx \dfrac{1}{4}\left(\dfrac{\pi U_m}{U_\pi}\right)^2 \sin^2\omega t \approx \dfrac{1}{8}\left(\dfrac{\pi U_m}{U_\pi}\right)^2(1 - \cos2\omega t) \quad 10-15$$

即 $T \propto \cos2\omega t$。从式(10-15)可以看出，输出信号的频率是调制信号频率的两倍，即产生"倍频"失真。若 $U_0 = U_\pi$，经类似的推导，可得

$$T \approx 1 - \dfrac{1}{8}\left(\dfrac{\pi U_m}{U_\pi}\right)^2(1 - \cos2\omega t) \qquad\qquad (10-16)$$

即 $T \propto \cos2\omega t$，输出信号仍是"倍频"失真的信号。

③ 直流偏压 U_0 在 0 伏附近或在 U_π 附近变化时，由于工作点不在线性工作区，输出波形将失真。

④ 当 $U_0 = U_\pi/2$、$U_m > U_\pi$ 时，调制器的工作点虽然选定在线性工作区的中心，但不满足小信号调制的要求。因此，工作点虽然选定在了线性区，输出波形仍然是失真的。

上面分析说明电光调制器中直流偏压的作用主要是使晶体中 x'、y' 两偏振方向的光之间产生固定的相位差，从而使正弦调制工作在光强调制曲线上的不同点。直流偏压的作用可以用 1/4 波片来实现。在起偏器和检偏器之间加入 1/4 波片，调整 1/4 波片的快慢轴方向使之与晶体的 x'、y' 轴平行，即可保证电光调制器工作在线性调制状态下，转动波片可使电光晶体处于不同的工作点上。

三、实验仪器

本实验所用仪器主要包括：数字示波器、氦氖激光器及其驱动源、光阑、起偏器、检偏器、电光调制器、1/4 波片、光电探测器、MP3 播放器、扬声器、光具座等。

四、实验内容及步骤

实验装置图如图 10.2 所示。

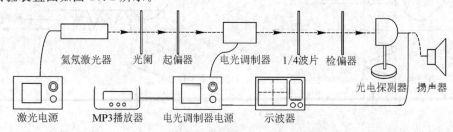

图 10.2　电光调制实验装置图

1. 实验系统搭建与光路调节

按照图10.2所示搭建实验系统,并进行光路调节,方法如下:

(1) 在光具座上依次摆放氦氖激光器、可变孔径光阑、起偏器、电光调制器、1/4波片、检偏器和光电探测器,其中氦氖激光器固定在光具座一端,光电探测器放置在另一端。

(2) 接通激光电源开关,氦氖激光器发出红色激光束,固定小孔光阑的高度,用小孔光阑来调整光路水平,先将氦氖激光器放置在导轨零点处锁定,把小孔光阑拉移到氦氖激光器附近,调整四维调整架上的旋钮,使激光束通过小孔,再把小孔光阑移远一些(靠近检偏器位置放置),再次通过旋转四维调整架上的旋钮,使激光束通过小孔,反复调节,使得一定距离内激光束是水平光。之后,将小孔光阑重新放置于激光器输出端锁定,调整横向位置,让光束通过小孔中心,如果为可变孔径光阑,则可将光阑孔径调为最大,避免遮挡光束。

(3) 调整起偏器、检偏器、1/4波片的高度和角度,让光束基本由中心位置垂直入射,并锁定。依据偏振片架上的偏振方向指示及刻度,旋转起偏器为水平起偏(x方向),检偏器为垂直检偏(y方向),如图10.3所示。

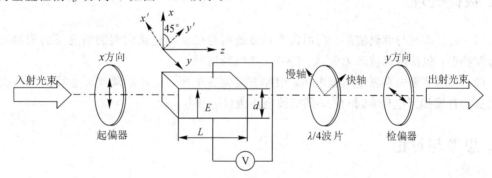

图10.3 电光调制实验光路原理图

说明:是否垂直入射可通过观察反射光束判断,如果反射光束基本沿着入射光束方向,则可以认为已经满足垂直入射。

(4) 正确连接电光调制器与驱动器之间的连线,调整好电光调制器高度与横向位置,使得激光束刚好垂直入射电光晶体,由通光孔中心通过,锁定调整架。启动电光调制器电源,电压旋钮调至 0 V 位置,预热5分钟。

注意:电光调制器通光孔径较小,调节时必须仔细观察,确保光束从通光孔中心通过,否则,将对实验结果产生严重影响。

(5) 将光电探测器固定在光具座尾端,调整其高度,使得激光入射在感光面中心位置。

(6) 电光调制器驱动源外调信号输入端、内调信号输出端分别连接 MP3 播放器和示波器1通道,将光电探测器输出端连接示波器2通道,并启动示波器。

2. 观察电光调制箱内置波形信号,解调信号波形

将电光调制器驱动源的调制输入信号切换为"内调",在示波器上观察完整周期的内调制正弦信号,转动内调信号幅度和频率旋钮,观察波形变化,并将信号调到某个较小幅值。

缓慢旋转1/4波片,观察光电探测器输出信号波形的变化,当该波形与内调输入的正弦波相比失真最小时,不再旋转1/4波片。

注意：在旋转 1/4 波片过程中，如果波形始终失真严重，说明内调信号幅值过大，应当减小内调信号幅值。

3. 利用倍频失真测量电光调制器半波电压

将电光调制器驱动电压由零逐渐增加，观察示波器上解调波形的变化，找到相邻的两个倍频失真波形，则这两个相邻的倍频失真波形所对应的直流偏置电压之差即为电光调制器的半波电压。

4. 音频信号的电光调制与解调

打开 MP3 播放器，将电光调制器驱动源的调制方式切换至"外调"。将光电探测器输出端连接扬声器，此时可通过扬声器听到 MP3 中播放的音乐。微调光电探测器的接收位置和角度以及 1/4 波片的角度，使音乐最清晰。完成实验后，关闭电源，整理实验仪器。

注意：电光调制器驱动电源的偏置电压旋钮顺时针方向旋转电压增加，为了避免过冲，在电源开关关闭前，应该将偏置电压逆时针方向旋转到头。

五、数据处理

（1）记录调制与解调波形。利用数字示波器的存储功能记录内调制情况下的调制波形与解调波形，包括解调波形无失真、倍频失真两种情况。

（2）利用倍频失真测量半波电压。增加直流偏置电压，记录解调波形连续出现两次倍频失真的直流偏置电压 U_1 和 U_2，则半波电压为 $(U_2 - U_1)$。

六、思考与讨论

（1）电光调制实验中 1/4 波片的作用是什么？
（2）如何避免电光调制的非线性失真？

七、参考文献

［1］石顺祥. 物理光学与应用光学. 西安：西安电子科技大学出版社，2014.
［2］宋贵才，全薇，等. 物理光学理论与应用. 北京：北京大学出版社，2015.

实验十一　氦氖激光器光束参数测量

　　氦氖(He‐Ne)激光器是一种常见的气体激光器，通常工作于可见光波段(632.8 nm)，广泛用于准直定位、全息技术、精密测量等领域。He‐Ne 激光器输出光束通常为连续波，毫瓦量级，其传输特性可近似用高斯光束描述。通过测量高斯光束在不同传输距离处的光斑图样，利用二阶矩法可以获得光斑尺寸，以此即可计算得到高斯光束的束腰半径、束腰位置以及远场发散角等光束参数。光束参数的测量对于涉及激光光束变换的光学系统设计，以及光学谐振腔的工程优化具有重要意义。

一、实验目的

　　(1)深刻理解高斯光束光场分布特性和主要参数指标。

　　(2)掌握光斑轮廓测量仪的基本原理，高斯光束光斑半径的测量方法，并根据多次测量数据计算高斯光束的束腰位置、束腰半径、瑞利长度和远场发散角。

　　(3)学习高斯光束的束腰半径、发散角等参数的测量原理与操作技能。

　　(4)拓展研究利用光斑轮廓测量仪构建激光光束质量分析系统的设计思路、数据处理方法。

二、实验原理

1. 高斯光束的基本性质

　　众所周知，电磁场运动的普遍规律可用麦克斯韦(Maxwell)方程组来描述。对于稳态传输光频电磁场可以归结为对光现象起主要作用的电矢量所满足的波动方程。在标量场近似条件下，可以简化为亥姆霍兹方程，高斯光束是亥姆霍兹方程在缓变振幅近似下的一个特解，它可以足够好地描述激光光束的性质。使用高斯光束的复参数表示和 ABCD 定律能够统一而简洁地处理高斯光束在腔内、外的传输变换问题。

　　在缓变振幅近似下求解亥姆霍兹方程，可以得到高斯光束的一般表达式：

$$A(r,z) = \frac{A_0 \omega_0}{\omega(z)} e^{-\frac{r^2}{\omega^2(z)}} e^{-i\left[kz + \frac{kr^2}{2R(z)} - \psi(z)\right]} \tag{11-1}$$

式中，A_0 为振幅常数；ω_0 定义为 $z=0$ 处场振幅减小到最大值的 $1/e$ 的 r 值，称为腰斑半径，它是高斯光束光斑半径的最小值；$\omega(z)$、$R(z)$、$\psi(z)$ 分别表示了高斯光束的光斑半径、等相面曲率半径、相位因子，是描述高斯光束的三个重要参数，其具体表达式分别为

$$\omega(z) = \omega_0 \sqrt{1 + \left(\frac{z}{Z_R}\right)^2} \tag{11-2}$$

$$R(z) = Z_R\left(\frac{z}{Z_R} + \frac{Z_R}{z}\right) \tag{11-3}$$

$$\psi(z) = \arctan\frac{z}{Z_R} \tag{11-4}$$

其中，$Z_R = \frac{\pi\omega_0^2}{\lambda}$，称为瑞利长度或共焦参数。

高斯光束在 $z = \mathrm{const}$ 的面内，场振幅以高斯函数 $e^{-r^2/\omega^2(z)}$ 的形式从中心向外平滑地减小，因而光斑半径 $\omega(z)$ 随坐标 z 按双曲线：

$$\frac{\omega^2(z)}{\omega_0^2} - \frac{z^2}{Z_R^2} = 1 \tag{11-5}$$

规律向外扩展，如图 11.1 所示。

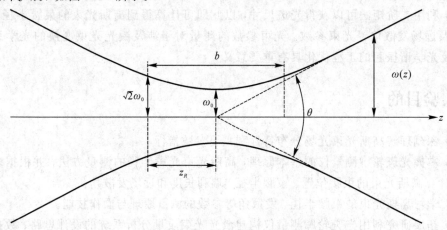

图 11.1　高斯光束以及相关参数的定义

在式(11-1)中，令相位部分等于常数，并略去 $\psi(z)$ 项，可以得到高斯光束的等相面方程：

$$\frac{r^2}{2R(z)} + z = \mathrm{const} \tag{11-6}$$

因而，可以认为高斯光束的等相面为球面。

瑞利长度的物理意义为：当 $|z| = Z_R$ 时，$\omega(Z_R) = \sqrt{2}\omega_0$。在实际应用中通常取 $z = \pm Z_R$ 范围为高斯光束的准直范围，即在这段长度范围内，高斯光束近似认为是平行的。所以，瑞利长度越长，就意味着高斯光束的准直范围越大，反之亦然。

高斯光束远场发散角 θ_0 的一般定义为：当 $z \to \infty$ 时，高斯光束振幅减小到中心最大值 $1/e$ 处与 z 轴的交角。即表示为

$$\theta_0 = \lim_{z\to\infty}\frac{\omega(z)}{z} = \frac{\lambda}{\pi\omega_0} \tag{11-7}$$

2. 高斯光束的复参数表示和高斯光束通过光学系统的变换

定义 $\frac{1}{q} = \frac{1}{R} - i\frac{\lambda}{\pi\omega^2}$，山前面的定义，可以得到 $q = z + iZ_R$，因而式(11-1)可以改写为

$$A(r, q) = A_0\frac{iZ_R}{q}e^{-ikr^2/(2q)} \tag{11-8}$$

此时，$\dfrac{1}{R} = \mathrm{Re}\left(\dfrac{1}{q}\right)$，$\dfrac{1}{\omega^2} = -\dfrac{\pi}{\lambda}\mathrm{Im}\left(\dfrac{1}{q}\right)$。

高斯光束通过变换矩阵为 $\boldsymbol{M} = \begin{bmatrix} A & B \\ C & D \end{bmatrix}$ 的光学系统后，其复参数 q_2 变换为

$$q_2 = \frac{Aq_1 + B}{Cq_1 + D} \tag{11-9}$$

因而，在已知光学系统变换矩阵的情况下，采用高斯光束的复参数表示法可以简洁快速地求得变换后的高斯光束的特性参数。

3. 光斑轮廓仪简介

光斑轮廓仪是实验室常用的测量激光光斑形状、光斑尺寸、光强分布的测试仪器，其基本原理是利用面阵传感器获得光斑相对强度的二维分布，通过图像处理，找到光斑轮廓，并从背景中提取出光斑，最后利用二阶矩算法（光斑"重心"法）计算光斑尺寸。

光斑轮廓仪由 CMOS 相机、衰减片、光束质量分析软件、硬件狗、数据线等组成，使用软件时必须确保硬件狗插入主机 USB 接口中。

1）软件环境

软件启动后，经过软件设置后，可进入正常测试界面，如图 11.2 所示，其中：1 为菜单栏；2 为摄像机画面；3 为工具栏；4 为水平一维分布；5 为垂直一维分布；6 为摄像机设置；7 为实时三维显示窗口（主显示窗口）。

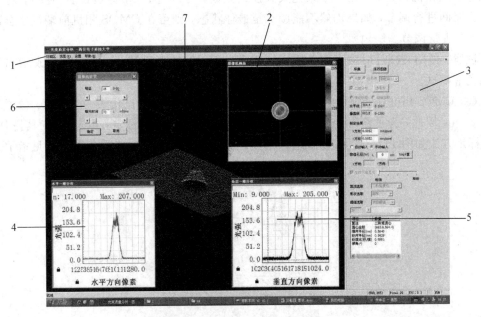

图 11.2 光束质量分析软件界面

2）菜单栏

如图 11.3 所示，菜单栏包括"功能区"、"视图"、"设置"和"帮助"。

"功能区"包括"摄像机"、"摄像机标定"、"工具栏"、"水平方向分布"、"垂直方向分布"。点击"工具栏"可以打开和关闭"工具栏"窗口；点击"摄像机"可以打开或关闭"摄像机画面"窗口；点击"水平方向分布"可打开或关闭"水平一维分布"窗口；点击"垂直方向分

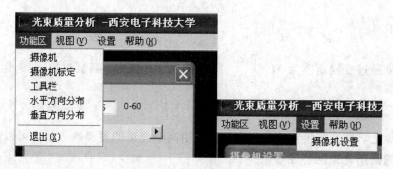

图 11.3　菜单栏

布"可打开或关闭"垂直一维分布"窗口。

"设置"中包括"摄像机设置"。点击"摄像机设置"可以打开或者关闭"摄像机设置"窗口。

3）使用光斑轮廓仪测量光斑半径的步骤

（1）将硬件狗插入主机 USB 接口，运行"光束质量分析软件"。检查"工具栏"窗口是否打开，如果没有打开，则通过菜单栏打开。

注意：由于程序 BUG，无法在"摄像机画面"窗口打开的条件下，打开"工具栏"，因此，需要在"摄像机画面"窗口关闭的条件下才能打开"工具栏"。

（2）打开"摄像机画面"窗口，通过调节支架调整 CMOS 相机的高低和横向位置，将激光光斑调至相机感光面中心；如果光束太强或太弱，可以打开"摄像机设置"窗口，对增益和曝光时间进行调节，如果仍然不能调节至最佳状态，则可在 CMOS 相机前端设置合适的衰减片，进行调节。

注意：使用衰减片时应当避免手指触碰通光面，保持表面清洁，必要时用脱脂棉签蘸无水乙醇擦拭。

（3）CMOS 相机直接测得的是二维点阵上的光强分布，每个点代表一个像素，像素间距为 $5.2~\mu m$，因此，为了获得光斑尺寸，需要对 CMOS 相机进行标定，标定在"工具栏"中进行。标定方法如图 11.4 所示：先确保 CMOS 相机处于停止状态（未采集图像）（见指示 1）；

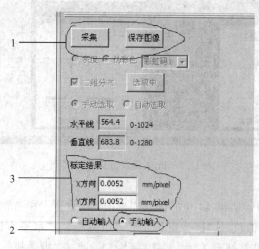

图 11.4　工具栏设置（CMOS 相机标定方法）

再选中手动输入单选框（见指示 2）；最后在"标定结果"下的两个编辑框中均输入0.0052，即像素间距为 5.2 μm。

（4）标定之后，点击"采集"，可以实时观察光斑图样。

如图 11.5 左所示，选中"实时三维显示"，则在"主显示窗口"中实时显示三维点阵，即光斑三维轮廓；鼠标左键点击"主显示窗口"，转动鼠标滑轮可以放大或缩小点阵画面，按住鼠标滑轮并移动鼠标可以旋转三维点阵画面；"算法选取"选择"二阶矩质心"；"形状选取"选择"圆形"；"阈值选取"选择"自动阈值"。

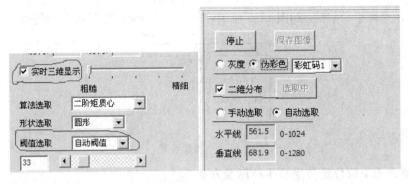

图 11.5　工具栏设置

如图 11.5 右所示，选中"灰度"则"摄像机画面"以黑白显示，选中"伪彩色"，则以彩色显示。选中"二维分布"和"自动选取"，则"摄像机画面"中出现通过光斑中心的十字线。

（5）通过菜单栏打开"水平一维分布"和"垂直一维分布"，观察图像是否饱和，如果饱和，则通过"摄像机设置"调节增益或者曝光时间，避免出现饱和，同时最大光强（Max）接近 255 为最佳，具体参见图 11.6、图 11.7 和图 11.8。

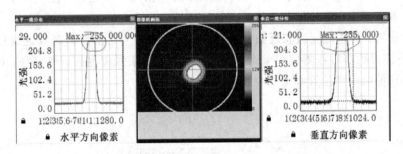

图 11.6　饱和情况

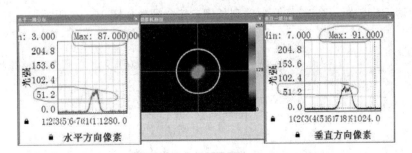

图 11.7　光强过低情况

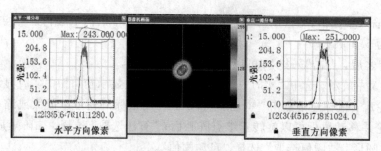

图 11.8　最佳测量条件

（6）记录光斑半径数据，如图 11.9 所示，横向半径与纵向半径的平均值即为光束半径。

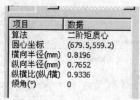

图 11.9　测量结果

4. 高斯光束束腰位置与束腰半径测量方法

由图 11.1 可知，束腰即为高斯光束光斑最小位置的光斑尺寸。测量方法如下：待测光束与导轨平行，且垂直射入 CMOS 相机，沿着光学导轨等间隔前后移动 CMOS 探测器，同时观测软件界面上的光斑图像，并记录光斑半径的测量结果；确定光斑最小的位置，此位置即为激光束光束的束腰位置。

如果在前后移动 CMOS 探测器时始终没有找到光斑最小的位置，说明激光束的束腰在谐振腔内，这时需加一辅助透镜，将光束束腰由谐振腔中引出，重复上述步骤，可确定出变换后的激光光束束腰位置与束腰半径。

实际操作时，薄透镜应当靠近激光器输出端放置（此时记录数据时以透镜位置为坐标原点），在一倍焦距前后各测量 6 个位置，确定变化后的束腰位置和束腰半径。再利用下述公式计算变换前的束腰位置和束腰半径：

$$l' = F + \frac{(l - F)F^2}{(l - F)^2 + Z_f^2} \tag{11-10}$$

$$\omega_0' = \omega_0 \frac{F}{\sqrt{(l - F)^2 + Z_f^2}} \tag{11-11}$$

其中，F 为薄透镜焦距；$Z_f = \dfrac{\pi \omega_0^2}{\lambda}$ 为瑞利长度；其余参数如图 11.10 所示。

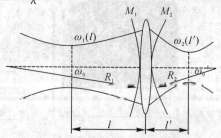

图 11.10　薄透镜对于高斯光束的变换

近似的，也可通过薄透镜成像物像公式：

$$\frac{1}{l} + \frac{1}{l'} = \frac{1}{f} \tag{11-12}$$

计算出束腰的实际位置。

三、实验仪器

本实验所用仪器主要包括：He-Ne 激光器及其驱动电源、光斑轮廓仪（CMOS 相机、光束质量分析软件等）、变换透镜、衰减片、光具座，计算机等。

四、实验内容及步骤

1. 氦氖激光器束腰位置与束腰半径的测量

（1）按照图 11.11 所示，在光具座上依次摆放氦氖激光器、可变孔径光阑、COMS 相机，并选择适当的衰减片装载在相机前端，将氦氖激光器固定在光具座一端，尽量留出足够的长度，用于测量光斑尺寸。用数据线将 CMOS 相机的输出端连接至计算机 USB 接口，并将硬件口插入计算机 USB 插口，启动计算机，进入 Windows 系统。

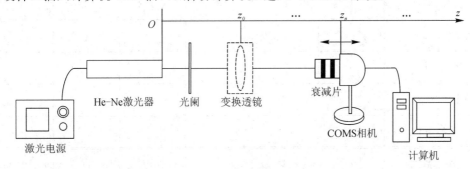

图 11.11　实验装置示意图

（2）接通激光电源开关，氦氖激光器发出红色激光束，固定小孔光阑的高度，用小孔光阑来调整光路水平，先将小孔光阑拉移到氦氖激光器近端，调整四维调整架上的旋钮，使激光束通过小孔，把小孔光阑移至远端。再次通过旋转四维调整架上的旋钮，使激光束通过小孔，反复调节，使得一定距离内激光束是水平光。之后，将小孔光阑重新放置于激光器输出端锁定（也可去除小孔光阑），调整横向位置，让光束通过小孔中心。如果为可变孔径光阑，则可将光阑孔径调为最大，避免遮挡光束。

（3）将 CMOS 相机靠近激光器放置，并锁定，调节 CMOS 相机的高低和横向位置，使光束照射至相机感光面上，启动光束质量分析软件，进行参数设置，观察光斑，调整增益和曝光时间使得光斑中心点亮度最大，灰度值接近 255。（注意：如果无法通过增益消除饱和，或衰减严重，光束过弱，则需要调整 CMOS 相机前端的衰减片组合。）

（4）使用光斑轮廓仪测量邻近输出窗口处的激光光斑半径，并记录。测量时光斑不能饱和，为了降低背景光的影响，测量光斑的光强极大值对应的灰度也不能太小，接近 255 灰度值为佳。向远离激光器方向移动光斑轮廓仪一小段距离，通过导轨刻度记录移动距离,再次测量氦氖激光光斑半径。

(5) 将 CMOS 相机沿导轨方向逐渐远离激光器,重复步骤(4),测量 12 组数据。

(6) 若随着距离的增加,光束半径没有出现先减小、后增加的规律,说明束腰在谐振腔内,需要在激光器输出端附近放置一片薄透镜,将束腰由谐振腔中引出,然后重复(4)、(5)步操作,并利用式(11-10)和式(11-11)计算激光器束腰位置和束腰半径。

2. 氦氖激光器输出光束的瑞利距离和发散角的测量

利用测得的束腰半径的值,通过公式 $Z_f = \dfrac{\pi \omega_0^2}{\lambda}$ 和 $\theta_0 = \dfrac{\lambda}{\pi \omega_0}$ 计算瑞利距离和远场发散角,其中,$\lambda = 632.8$ nm。

五、数据处理

(1) 测量激光传输方向上不同位置的激光光斑半径,按照表 11.1 的形式记录测量数据。

表 11.1 原始测量数据表

$F=$ _____ mm $z_0=$ _____ mm(使用透镜时注明透镜焦距,透镜与激光器输出镜距离)

序　数	1	2	3	4	5	6
相机坐标/mm						
横向半径/μm						
纵向半径/μm						
平均半径/μm						
序　数	7	8	9	10	11	12
相机坐标/mm						
横向光斑/μm						
纵向半径/μm						
平均半径/μm						

(2) 依据表 11.1 的测量结果,确定激光的束腰位置、束腰半径,并以此计算瑞利长度、发散角,结果记录在表 11.2 中。

表 11.2 高斯光束参数测量结果

测量项目	束腰位置/mm	束腰半径/μm	瑞利长度/mm	发散角/mrad
测量结果				

六、思考与讨论

（1）基模高斯光束的束腰有什么特点？

（2）高斯光束光斑半径的测量都有哪些方法？

（3）为什么利用光斑轮廓仪测量光斑半径的时候需要消除光斑的饱和？

七、参考文献

［1］周炳琨，高以智，陈倜嵘，等．激光原理．北京：国防工业出版社，2000．

［2］高以智．激光实验选编．北京：电子工业出版社，1985．

实验十二　氦氖激光器模式测量

虽然在1917年爱因斯坦就预言了受激辐射的存在,但在一般热平衡情况下,物质的受激辐射总是被受激吸收所掩盖,未能在实验中观察到。直到1960年,第一台红宝石激光器才面世,它标志了激光技术的诞生。激光器由光学谐振腔、工作物质、激励系统构成,相对于一般光源,激光有良好的方向性,也就是说,光能量在空间的分布高度集中在光的传播方向上,但它也有一定的发散度。在激光的横截面上,光强是以高斯函数型分布的,故称作高斯光束。除方向性外激光还具有单色性好的特点,也就是说,它可以具有非常窄的谱线宽度。激光受激辐射后经过谐振腔等多种机制的作用和相互干涉,最后会形成一个或者多个离散的、稳定的谱线,这些谱线就是激光的模。

一、实验目的

(1) 深刻理解氦氖激光器的工作原理及其频谱结构、共焦球面扫描干涉仪的基本原理。

(2) 掌握激光模式的测量、分析和计算方法,测量相邻纵模频率间隔、共焦球面扫描干涉仪的精细常数,观测激光频率漂移和"跳模现象"。

(3) 学习精细激光光谱测量系统的设计、调节、光路搭建技能。

(4) 拓展研究氦氖激光器在激光全息、激光通信、精密测量等领域的应用。

二、实验原理

1. 氦氖激光器原理与结构

氦氖(He-Ne)激光器由光学谐振腔(包含输出镜与全反镜)、工作物质(密封在玻璃管里的氦气、氖气)、激励系统(激光电源)构成。对He-Ne激光器而言,增益介质就是在毛细管内按一定的气压充以适当比例的氦氖气体,当氦氖混合气体被电流激励时,与某些谱线对应的上下能级的粒子数发生反转,使介质具有增益。介质增益与毛细管长度、内径粗细、两种气体的比例、总气压以及放电电流等因素有关。对谐振腔而言,腔长要满足频率的驻波条件,谐振腔镜的曲率半径要满足腔的稳定条件。总之腔的损耗必须小于介质的增益,才能建立激光振荡。如图12.1所示,内腔式He-Ne激光器的腔镜封装在激光管两端,而外腔式He-Ne激光器的激光管、输出镜及全反镜是安装在调节支架上的。调节支架能调节输出镜与全反镜之间的平行度,使激光器工作时处于输出镜与全反镜相互平行且与放电管垂直的状态。在激光管的阴极、阳极上串接着镇流电阻,防止激光管在放电时出现闪烁现象。氦氖激光器激励系统采用开关直流电源,体积小、份量轻、可靠性高,可长时间运行。

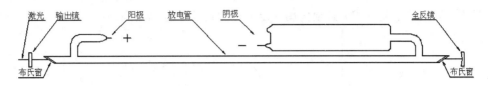

图 12.1　外腔式 He - Ne 激光器原理图

2. 激光器模的形成

激光器的三个基本组成部分是增益介质、谐振腔和激励能源。如果用某种激励方式，将介质的某一对能级间形成粒子数反转分布，则由于自发辐射和受激辐射的作用，将有一定频率的光波产生，在腔内传播，并被增益介质逐渐增强、放大。被传播的光波决不是单一频率的(通常所谓某一波长的光，不过是光中心波长而已)。因能级有一定宽度，所以粒子在谐振腔内运动受多种因素的影响。实际激光器输出的光谱宽度是自然增宽、碰撞增宽和多普勒增宽迭加而成的。不同类型的激光器，工作条件不同，以上诸影响有主次之分。例如低气压、小功率的 He - Ne 激光器 632.8 nm 谱线，以多普勒增宽为主，增宽线型基本呈高斯函数分布，宽度约为 1500 MHz，只有频率落在展宽范围内的光在介质中传播时，光强将获得不同程度的放大。但只有单程放大，还不足以产生激光，还需要有谐振腔对它进行光学反馈，使光在多次往返传播中形成稳定持续的振荡，才有激光输出的可能。而形成持续振荡的条件是，光在谐振腔中往返一周的光程差应是波长的整数倍，即

$$2\mu L = q\lambda_q \tag{12-1}$$

这正是光波相干极大条件，满足此条件的光将获得极大增强。式中，μ 为介质折射率，对于氦氖混合气体，$\mu \approx 1$；L 为腔长；q 取正整数，每个 q 值都对应纵向一种稳定的电磁场分布 λ_q，称为一个纵模，q 称作纵模序数。需要注意的是，q 是一个很大的数，通常我们不需要知道它的数值，而关心的是有几个不同的 q 值，即激光器有几个不同的纵模。

显然，式(12-1)也是形成驻波的条件，腔内的纵模是以驻波形式存在的，q 值反映的恰好是驻波波腹的数目。纵模的频率为

$$\nu_q = q \frac{c}{2\mu L} \tag{12-2}$$

一般地，我们不去求它，而关心的是相邻两个纵模的频率间隔：

$$\Delta \nu_{\Delta q=1} = \frac{c}{2\mu L} \approx \frac{c}{2L} \tag{12-3}$$

从式中看出，相邻纵模频率间隔和激光器的腔长成反比。即，腔越长，$\Delta\nu$ 越小，满足振荡条件的纵模个数越多；相反腔越短，$\Delta\nu$ 越大，在同样的增宽曲线范围内，纵模个数就越少，因而缩短腔长是获得单纵模运转激光器的方法之一。

以上我们得出纵模具有的特征是：相邻纵模频率间隔相等；对应同一横模的一组纵模，它们强度的顶点构成了多普勒线型的轮廓线。

任何事物都具有两重性，光波在腔内往返振荡时，一方面有增益，使光不断增强；另一方面也存在着不可避免的多种损耗，使光能减弱。如介质的吸收损耗、散射损耗、镜面透射损耗和放电毛细管的衍射损耗等。所以不仅要满足谐振条件，还需要增益大于各种损耗的总和，才能形成持续振荡，有激光输出。如图 12.2 所示，增益线宽内虽有五个纵模满足谐振条件，但只有三个纵模的增益大于损耗，能有激光输出。由于 q 值很大，相邻纵模频

率差异很小，眼睛不能分辨，必须借用一定的检测仪器才能观测到纵模。

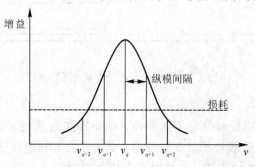

图 12.2   纵模间隔

谐振腔对光多次反馈，在纵向形成不同的场分布，那么对横向是否也会产生影响呢？答案是肯定的。这是因为光每经过放电毛细管反馈一次，就相当于一次衍射。多次反复衍射，就在横向的同一波腹处形成一个或多个稳定的衍射光斑。每一个衍射光斑对应一种稳定的横向电磁场分布，称为一个横模。我们所看到的复杂的光斑则是这些基本光斑的迭加，图 12.3 是几种常见的低阶横模光斑图样。

TEM$_{00}$ TEM$_{01}$ TEM$_{01}$ TEM$_{10}$ TEM$_{11}$

图 12.3   常见的低阶横模光斑图样

总之，任何一个模，既是纵模，又是横模。它同时有两个名称，不过是对两个不同方向的观测结果分开称呼而已。一个模由三个量子数来表示，通常写作 TEM$_{mnq}$。其中，q 是纵模序数；m 和 n 是横模序数，m 是沿 x 轴场强为零的节点数，n 是沿 y 轴场强为零的节点数。

前面已知，不同的纵模对应不同的频率。那么同一纵模序数内的不同横模又如何呢？同样，不同横模也对应不同的频率，横模序数越大，频率越高。通常我们也不需要求出横模频率，关心的是具有几个不同的横模及不同的纵模间的频率差，经推导得

$$\Delta \nu_{\Delta m + \Delta n} = \frac{c}{2 \mu L} \left\{ \frac{1}{\pi} \arccos \left[\left(1 - \frac{L}{R_1}\right)\left(1 - \frac{L}{R_2}\right) \right]^{1/2} \right\} \tag{12-4}$$

其中，Δm、Δn 分别表示 x、y 方向上横模模序数差；R_1、R_2 为谐振腔的两个反射镜的曲率半径。相邻横模频率间隔为

$$\Delta \nu_{\Delta m + \Delta n = 1} = \Delta \nu_{\Delta q = 1} \left\{ \frac{1}{\pi} \arccos \left[\left(1 - \frac{L}{R_1}\right)\left(1 - \frac{L}{R_2}\right) \right]^{1/2} \right\} \tag{12-5}$$

从上式还可以看出，相邻的横模频率间隔与纵模频率间隔的比值是一个分数，其大小由激光器的腔长和曲率半径决定。腔长与曲率半径的比值越大，分数值越大。当腔长等于曲率半径时（$L = R_1 = R_2$，即共焦腔），分数值达到极大，即相邻两个横模的横模间隔是纵模间隔的 1/2，横模序数相差为 2 的谱线频率正好与纵模序数相差为 1 的谱线频率简并。

激光器中能产生的横模个数，除与前述增益因素有关外，还与放电毛细管的粗细、内部损耗等因素有关。一般说来，放电管直径越大，可能出现的横模个数越多。横模序数越高，衍射损耗越大，形成振荡越困难。但激光器输出光中横模的强弱决不能仅从衍射损耗

一个因素考虑，而是由多种因素共同决定的。这是在模式分析实验中，辨认哪一个是高阶横模时易出错的地方。因为仅从光的强弱来判断横模阶数的高低，即认为光最强的谱线一定是基横模，这是不对的，而应根据高阶横模具有高频率来确定。

横模频率间隔的测量同纵模间隔一样，需借助频谱图进行相关计算。但阶数 m 和 n 的数值仅从频谱图上是不能确定的，因为频谱图上只能看到有几个不同的 $m+n$ 值，及可以测出它们间的差值 $\Delta(m+n)$，然而不同的 m 或 n 值可对应相同的 $m+n$ 值，相同的 $m+n$ 值在频谱图上又处在相同的位置，因此要确定 m 和 n 各是多少，还需要结合激光输出的光斑图形加以分析才行。当我们对光斑进行观察时，看到的应是它全部横模的叠加图（即图 12.3 中一个或几个单一态图形的组合）。当只有一个横模时，很易辨认；如果横模个数比较多，或基横模很强，掩盖了其它的横模，或某高阶模太弱，都会给分辨带来一定的难度。但由于我们有频谱图，知道了横模的个数及彼此强度上的大致关系，就可缩小考虑的范围，从而能准确地定位每个横模的 m 和 n 值。

3. 共焦球面扫描干涉仪结构与工作原理

共焦球面扫描干涉仪是一种分辨率很高的分光仪器，已成为激光技术中一种重要的测量设备。实验中用它将频率差异很小（几十至几百 MHz），用眼睛和一般光谱仪器不能分辨的所有纵模、横模展现成频谱图来进行观测。它在本实验中起着不可替代的重要作用。

共焦球面扫描干涉仪是一个无源谐振腔，如图 12.4 所示。它由两块球形凹面反射镜构成共焦腔，即两块镜的曲率半径和腔长相等，$R_1=R_2=L$，反射镜镀有高反射膜。两块镜中的一块是固定不变的，另一块固定在可随外加电压变化的压电陶瓷上。图中，间隔圈由低膨胀系数金属材料制成，用以保持两球形凹面反射镜 R_1 和 R_2 总是处在共焦状态。若在压电陶瓷环的内外壁上加一定数值的电压，环的长度将随之发生变化，而且长度的变化量与外加电压的幅度成线性关系，这正是扫描干涉仪被用来扫描的基本条件。由于长度的变化量很小，仅为波长数量级，因而它不足以改变腔的共焦状态。但是当线性关系不好时，会给测量带来一定的误差。

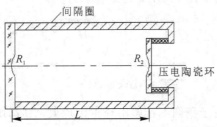

图 12.4　共焦球面扫描干涉仪原理结构图

扫描干涉仪有两个重要的性能参数，即自由光谱范围和精细常数，以下分别对它们进行讨论。

1）自由光谱范围（FSR）

当一束激光以近光轴方向射入干涉仪后，在共焦腔中经四次反射呈 x 形路径，光程近似为 $4l$，如图 12.5 所示，光在腔内每走一个周期都会有部分光从镜面透射出来。如在 A、B 两点，形成一束束透射光 $1,2,3,\cdots$ 和 $1',2',3',\cdots$，这时我们在压电陶瓷上加一线性电压，当外加电压使腔长变化到某一长度 l_a，正好使相邻两次透射光束的光程差是入射光中

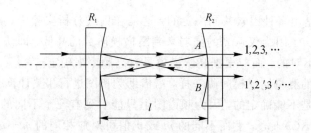

图 12.5　激光在共焦腔内的反射路径

模 λ_a 的这条谱线波长的整数倍时，即

$$4l_a = k\lambda_a \qquad (12-6)$$

时，模 λ_a 将产生相干极大透射，而其它波长的模则相互抵消（k 为扫描干涉仪的干涉序数，是一个整数）。同理，外加电压又可使腔长变化到 l_d，使模 λ_d 符合谐振条件，极大透射，而 λ_a 等其它模又相互抵消…… 因此，透射极大的波长值和腔长值有一一对应关系。只要有一定幅度的电压来改变腔长，就可以使激光器全部不同波长（或频率）的模依次产生相干极大透过，形成扫描。但值得注意的是，若入射光波长范围超过某一限定时，外加电压虽可使腔长线性变化，但一个确定的腔长有可能使几个不同波长的模同时产生相干极大，造成重序。例如，当腔长变化到可使 λ_d 极大时，λ_a 会再次出现极大，有

$$4l_d = k\lambda_d = (k+1)\lambda_a \qquad (12-7)$$

即 k 序中的 λ_d 和 $k+1$ 序中的 λ_a 同时满足极大条件，两种不同的模被同时扫出，叠加在一起，因此扫描干涉仪本身存在一个不重序的波长范围限制。所谓自由光谱范围，就是指扫描干涉仪所能扫出的不重序的最大波长差或频率差，用 $\Delta\lambda_{S.R.}$ 或者 $\Delta\nu_{S.R.}$ 表示，也称为自由光谱区（FSR）。上例中 $l=l_d$ 时刚好重序，则 $\lambda_d-\lambda_a$ 即为此干涉仪的自由光谱范围值。经推导可得

$$\lambda_d - \lambda_a = \frac{\lambda_a\lambda_d}{4l} \qquad (12-8)$$

由于 λ_d 与 λ_a 间相差很小，可共用 λ 近似表示为

$$\Delta\lambda_{S.R.} = \frac{\lambda^2}{4l} \qquad (12-9)$$

用频率表示，即为

$$\Delta\nu_{S.R.} = \frac{c}{4l} \qquad (12-10)$$

在模式分析实验中，由于我们不希望出现重序现象，故选用扫描干涉仪时，必须首先知道它的 $\Delta\nu_{S.R.}$ 和待分析的激光器频率范围 $\Delta\nu$，并使 $\Delta\nu_{S.R.}>\Delta\nu$ 才能保证在频谱面上不重序，即腔长和模的波长或频率间是一一对应关系。

自由光谱范围还可用腔长的变化量来描述，即腔长变化量为 $\lambda/4$ 时所对应的扫描范围。因为光在共焦腔内呈 x 型，四倍路程的光程差正好等于 λ，干涉序数改变 1。另外，还可看出，当满足 $\Delta\nu_{S.R.}>\Delta\nu$ 条件后，如果外加电压足够大，使腔长的变化量是 $\lambda/4$ 的 i 倍时，那么将会扫描出 i 个干涉序，激光器的所有模将周期性地重复出现在干涉序列 k，$k+1$，…，$k+i$ 中，如图 12.6 所示。图 12.7 为使用共焦球面扫描干涉仪测量氦氖激光器纵模时的一种可能波形，扫描波形中可以看出干涉仪的 FSR 所对应的时间间隔，而干涉仪的 FSR 是确定的，以此为标准可以确定相邻纵模之间的频率间隔。

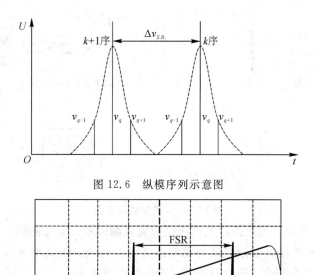

图 12.6　纵模序列示意图

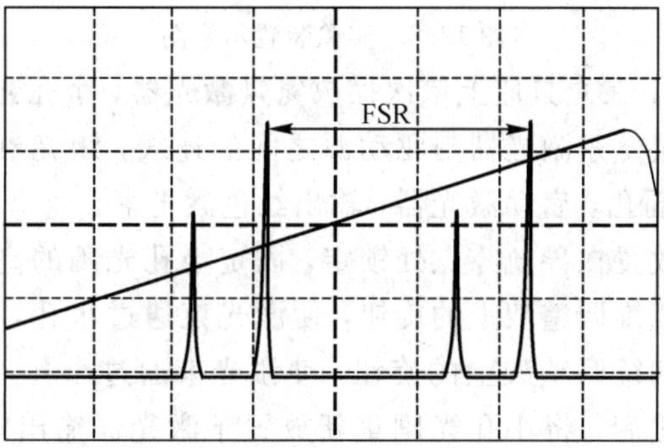

图 12.7　自由光谱区（FSR）

2）精细常数

精细常数 F 是用来表征扫描干涉仪分辨本领的参数。它的定义是：自由光谱范围与最小分辨率极限宽度之比，即在自由光谱范围内能分辨的最多的谱线数目。精细常数的理论公式为

$$F = \frac{\pi R}{1 - R} \qquad (12-11)$$

R 为凹面镜的反射率，从式（12-11）看，F 只与镜片的反射率有关，实际上还与共焦腔的调整精度、镜片加工精度、干涉仪的入射和出射光孔的大小及使用时的准直精度等因素有关。因此精细常数的实际值应由实验来确定，根据精细常数的定义：

$$F = \frac{\Delta\lambda_{S.R.}}{\delta\lambda} \qquad (12-12)$$

显然，$\delta\lambda$ 就是干涉仪所能分辨出的最小波长差，我们用仪器的半宽度 $\Delta\lambda$ 代替，实验中就是一个模的半值宽度。从展开的频谱图中我们可以测定出 F 值的大小。

三、实验仪器

本实验所用仪器包括：He-Ne 激光器及其电源、光具座、光阑、共焦球面扫描干涉仪、锯齿波发生器、光电探测器、示波器等组成。

四、实验内容及步骤

实验装置示意图参见图 12.8。

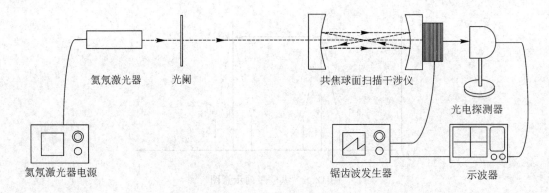

图 12.8　实验装置示意图

（1）如图 12.8 所示，在光具座上依次摆放氦氖激光器、小孔光阑、共焦球面扫描干涉仪和光电探测器，并连接氦氖激光器与驱动源之间的连线，激光器的红色、黑色引线分别插入电源的红色和黑色插孔，启动激光器，输出红色激光束。

（2）将氦氖激光器放置在导轨零点处锁定，固定小孔光阑的高度，把小孔光阑拉移到氦氖激光器近端，调整四维调整架上的旋钮，使激光束通过小孔，再把小孔光阑移至激光器远端，再次通过旋转四维调整架上的旋钮，使激光束通过小孔，反复调节，使得一定距离内激光束是水平光。之后，将小孔光阑重新放置于激光器输出端锁定，调整横向位置，让光束通过小孔中心，避免遮挡。

（3）连接共焦球面扫描干涉仪、示波器，具体连接方法如下："锯齿波输出"连接球面扫描干涉仪探头，提供锯齿波信号，驱动干涉仪内部的压电陶瓷，使得干涉仪腔长周期变化，起到扫描作用；"探测器电源"连接光电探测器，为光电探测器提供偏置电压，并将探测器产生的电脉冲信号输入电源内部进行信号调理；"锯齿波监测"连接示波器 CH1 输入端，通过示波器可以实时观测锯齿波信号波形；"信号输出"连接示波器 CH2 输入端，将经过调理的信号输入示波器，进行观测。

（4）调整共焦腔的位置，让光束射入共焦腔前端面中心孔中，共焦球面扫描干涉仪内腔镜会反射一大一小两个光点，在小孔光阑的背面可观察到。仔细调节干涉仪姿态，使得两个光点中心重合，并与光阑的小孔重合。

（5）微调共焦腔支架旋钮，使得共焦腔后端输出光斑基本重合。

（6）将光电探测器靠近干涉仪后端放置，调节其高度和横向位置，让通过干涉仪的光束照到探测器感光面上。

（7）启动锯齿波发生器和示波器，调整示波器触发方式为直流，触发通道为锯齿波监测通道 CH1。调整合适的扫描时间与信号幅度。打开示波器信号探测通道 CH2 的"信号反相"。

说明：示波器调节设置时，要触发锯齿波（CH1），这样信号会稳定；输入信号（CH2）要设置成反相，脉冲才会朝上。

（0）微调探测器位置，使得示波器输出的探测信号最强。

（9）继续微调共焦腔支架旋钮，使得示波器信号通道探测的信号峰值最窄。

（10）细调锯齿波幅度、直流偏置、扫描时间，观察示波器扫描波形的变化。

（11）调节示波器，使得 CH2 波形如图 12.7 所示。使用示波器的光标测量功能

(cursor)，测量周期重复出现的两个序列峰之间的时间间隔 $\Delta\tau_F$，对应干涉仪的自由光谱区 $\Delta\nu_F$。

说明：干涉仪的自由光谱区给定，本实验采用的干涉仪自由光谱区为 2.5 GHz。

（12）保持干涉仪电源的各个旋钮不动，调整示波器显示方法，测量同一纵模序列脉冲时间间隔 $\Delta\tau$，对应相邻两个纵模的频率间隔 $\Delta\nu$。

（13）根据公式 $\Delta\nu=\dfrac{\Delta\tau}{\Delta\tau_F}\Delta\nu_F$，可以得到相邻两个纵模的频率间隔的实验测量值。

（14）利用卷尺测量半外腔 He-Ne 激光器的腔长 L（注：内腔式 He-Ne 激光器腔长 250 mm），由公式 $\Delta\nu=\dfrac{c}{2L}$ 理论计算激光器相邻两个纵模的频率间隔，进而计算测量的相对误差。

（15）利用相同方法测量单个电脉冲的半高宽（FWHM）$\delta\nu$，利用公式 $F=\dfrac{\Delta\nu_F}{\delta\nu}$ 计算精细常数。

五、数据处理

（1）给出示波器测量得到的波形图，并标出自由光谱范围。

（2）相邻纵模频率间隔测量：给出相邻纵模频率间隔的测量数据与计算结果，并计算相对误差。

（3）精细常数测量：给出精细常数测量数据与计算结果。

六、思考与讨论

（1）共焦球面扫描干涉仪测量纵模间隔的时候，可测的最大值是多少？

（2）在利用共焦球面扫描干涉仪观测 He-Ne 激光器频谱结构时，如果用扇子冲着激光管扇风，示波器上可以观察到什么？解释原因。

七、参考文献

[1] 周炳琨，高以智，陈倜嵘，等. 激光原理. 北京：国防工业出版社，2000.

[2] 高以智. 激光实验选编. 北京：电子工业出版社，1985.

实验十三　氦氖激光器光束变换

在激光的实际应用中，经常遇到光束的传输变换问题。例如，在激光加工领域，激光束的光束形状和能量分布直接限定了激光的加工应用，为了满足不同的激光加工要求，必须对激光束进行光束变换。传统的方法是利用几何光学元件对光束进行变换，比如利用透镜可以实现扩束、准直和聚焦等，这种方法具有很大的局限性。随着微光学的产生和发展，人们可以通过衍射光学元件(Diffractive Optical Element，DOE)实现光束变换，理论上可以得到任意光强分布的变换光束。

一、实验目的

(1) 深刻理解高斯光束的传输变换理论以及衍射光学元件的设计理论及方法。

(2) 掌握利用透镜系统实现激光光束的扩束、准直以及聚焦的方法，并观测衍射光学元件(DOE)的光束变换效果。

(3) 学习利用光斑轮廓仪观测光斑尺寸，并借助单片透镜作为成像透镜记录DOE衍射图样的技能。

(4) 拓展研究DOE的设计、优化、制作工艺及其在光束整形、光束控制领域的应用。

二、实验原理

1. 高斯光束简介

可参考实验十一的相关内容。

2. 激光扩束系统简介

激光扩束系统原理图如图13.1所示(倒置的望远镜)。

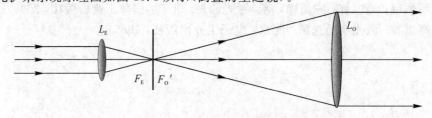

图 13.1　激光扩束系统原理图

选择合适的镜片组合，可达到1倍、2倍、3倍、4倍凸/凹透镜激光扩束镜组的效果。通常，短焦距透镜 L_E 可用显微物镜替代，L_O 同时起到光束准直作用。

3. 衍射光学元件

衍射光学元件的设计问题类似于光学变换系统中的相位恢复问题，即已知光学系统输入平面上的光场和输出平面上的光场分布，如何计算输入平面上调制元件的相位分布，使其正确调制入射光场，高精度地给出预期输出图样，实现所需功能。

衍射光学元件的设计理论通常分为两大类：矢量衍射理论（Vector Diffraction Theory）和标量衍射理论（Scalar Diffraction Theory）。当衍射光学器件的衍射特征尺寸和光波波长相当，甚至为亚波长量级时，标量衍射理论的近似条件不成立，必须采用矢量衍射理论来分析不同电磁场分量在衍射器件中的相互耦合作用。矢量衍射理论基于严格的电磁场理论，在适当的边界条件上，适当地使用一些数学工具来严格地求解麦克斯韦方程组。遗憾的是，对于大多数较为复杂的实际衍射问题，很难得到封闭形式的解析解。

当衍射光学器件的衍射特征尺寸远大于光波波长，且输出平面距离衍射元件足够远时，可采用标量衍射理论对其衍射场进行足够精度的分析。即只考虑电磁场一个横向分量的复振幅，而假定其它分量可用类似方式独立地进行处理。在此范围内，将衍射光学器件的设计看作是一个优化设计问题，根据事先给定的入射光场和所期望的输出光场等已知条件，构造设计目标函数，利用一种或多种优化算法，求解衍射光学器件的相位结构。

目前，基于这一思想的优化设计方法主要有盖师贝格－撒克斯通算法（Gerchberg-Saxton Algorithm，简称 GS）、模拟退火算法（Simulated Annealing Algorithm，简称 SA）、遗传算法（Genetic Algorithm，简称 GA）、杨－顾算法（Yang-Gu Algorithm，简称 YG）以及多种混合算法等。

基于衍射光学元件（DOE）的典型光学系统如图 13.2 所示。DOE 位于输入平面 P_1 内，入射光垂直并透射过 DOE，经自由传播，在输出平面 P_2 上观察衍射图样。P_1 和 P_2 两平面之间的距离为 z，并分别在该两平面内建立直角坐标系。

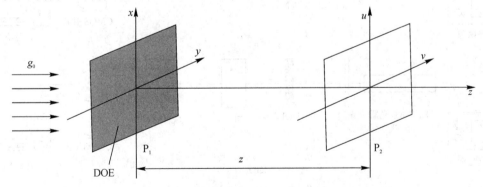

图 13.2 基于衍射光学元件（DOE）的典型光学系统

已知入射光为

$$g_0(x,y) = A_0(x,y)\exp[\mathrm{i}\phi_0(x,y)] \tag{13-1}$$

式中，$A_0(x,y)$ 为入射光的振幅；$\phi_0(x,y)$ 为入射光的相位。DOE 为纯相位型器件，其复振幅透过率为 $\exp[\mathrm{i}\phi(x,y)]$，$\phi(x,y)$ 就是待求 DOE 的相位分布。输入平面 P_1 内的光场为

$$g(x,y) = A_0(x,y)\exp\{\mathrm{i}[\phi_0(x,y)+\phi(x,y)]\} \tag{13-2}$$

为研究方便，一般先不考虑 $\phi_0(x,y)$，待求出 $\phi(x,y)$ 后，$\phi(x,y)-\phi_0(x,y)$ 即为 DOE 的相位分布，故 P_1 内的光场分布可写成

$$g(x,y)=A_0(x,y)\exp[i\phi(x,y)] \tag{13-3}$$

令输出平面 P_2 内的复振幅分布函数表示为 $f(u,v)$，则由夫琅和费衍射公式可知：

$$f(u,v)=\frac{e^{ikz}\,e^{i\frac{k}{2z}(u^2+v^2)}}{i\lambda z}\iint g(x,y)\exp\left[-i\frac{2\pi}{\lambda z}(ux+vy)\right]\mathrm{d}x\mathrm{d}y \tag{13-4}$$

写成傅里叶变换的形式为

$$f(u,v)=\frac{e^{ikz}\,e^{i\frac{k}{2z}(u^2+v^2)}}{i\lambda z}\mathrm{FT}[g(x,y)] \tag{13-5}$$

该式可作为解决相位恢复问题的算法体系中最基本的一种算法。

三、实验仪器

本实验所用仪器主要包括：氦氖激光器及其电源、光斑轮廓仪（含 CMOS 相机、软件等）、透镜、衰减片、光具座、衍射光学元件、显微物镜（扩束镜）、计算机等。

四、实验内容及步骤

实验装置示意图如图 13.3 所示。

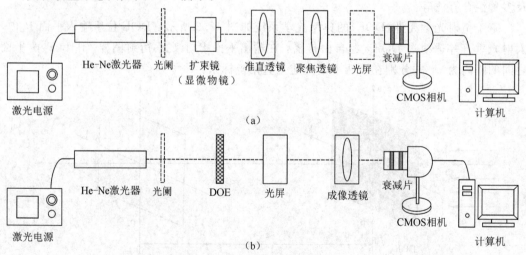

图 13.3　实验装置图

1. 氦氖激光器输出光束调水平

（1）将氦氖激光器置于光具座一端，并把激光管引出电源线插入激光电源输出插孔中，红线插入红色插孔，黑线插入黑色插孔，启动激光电源开关，氦氖激光器发出红色激光束。

（2）将小孔光阑放置在光具座上，固定小孔光阑的高度，以此为参照，调节光路水平。

（3）将小孔光阑拉移到氦氖激光器近端，调整四维调整架上的旋钮，使激光束通过小孔，再把小孔光阑移至远端，再次通过旋转四维调整架上的旋钮，使激光束通过小孔，反

复调节，使得一定距离内激光束是水平光。最后，将小孔光阑重新放置于激光器输出端锁定（也可去除小孔光阑），调整横向位置，让光束通过小孔中心。如果为可变孔径光阑，可以将光阑孔径调为最大，避免遮挡光束。

2. 高斯光束的扩束、准直和聚焦

在将激光束调水平后，即可进行高斯光束的扩束、准直和聚焦实验，实验装置参见图13.3(a)所示。

1）扩束

（1）将带物镜接圈的显微物镜插入光路中，锁紧滑块，仔细调整显微物镜高低、横向位置以及相对入射光束的角度，使得激光由显微物镜中心入射，通过显微物镜后光束不发生偏折。

（2）将光屏放在光具座上，利用光屏观察扩束后光斑。前后移动光屏位置，观察光束的会聚、发散情况。

2）准直

（1）将准直透镜（双凸透镜）放入光路中，仔细调整双凸透镜的高低、横向位置以及相对入射光的角度，使得激光由透镜中心入射，通过透镜后光束不发生偏折，即与激光束等高共轴。

（2）用光屏观察透镜变换后光斑，仔细调整双凸透镜的纵向位置，直至前后移动光屏时光斑大小基本不变，说明光束可以近似为平行光。

3）高斯光束聚焦实验

（1）将聚焦透镜（双凸透镜）放入光路中，仔细调整双凸透镜的高低、横向位置以及相对入射光的角度，使得激光由透镜中心入射，通过透镜后光束不发生偏折，即与激光束等高共轴。

（2）用光屏观察透镜变换后光斑，前后移动光屏，观察光束的聚束效果，并找到焦斑位置。

（3）从光具座上取下光屏，放入 CMOS 相机，调节 CMOS 相机和聚焦透镜的间距，使光束聚焦在 CMOS 相机的感光面上，用光斑轮廓仪测量焦斑直径。

说明：光束焦斑直径的测量方法参见"氦氖激光器光束参数测量"实验。

4. DOE 光束变换

（1）将扩束、准直、聚焦透镜从光具座上移除，放入 DOE、成像透镜，如图13.3(b)所示。调节 DOE 的高低、横向位置和相对入射光束的角度，使得光束从 DOE 中心垂直入射。在 DOE 后插入白屏，观察衍射图像。

（2）去除光屏，在衍射光学元件后插入成像透镜和 CMOS 相机。运行光斑轮廓仪的光束质量分析软件，仔细调整成像透镜、CMOS 相机相对 DOE 的距离，观察到较为完整且不失真的衍射图像，采集并保存衍射图样。

说明：某些 DOE 的衍射图样需要仔细调节 DOE 的高低和横向位置才能观察到，比如"十"字线 DOE。实验用成像透镜若为单片双凸透镜，则应尽可能利用透镜中心部分成像，以降低像差，减小图像失真。

五、数据处理

(1) 完成激光扩束、准直和聚焦实验，按照表 13.1 形式记录测试数据。其中，需要使用两种焦距的聚焦透镜，对聚焦效果进行比较。

表 13.1　实验数据表

准直透镜焦距/mm	准直透镜与扩束镜距离/mm	聚焦透镜 1焦距/mm	焦斑半径 1/mm	聚焦透镜 2焦距/mm	焦斑半径 2/mm

(2) 利用光斑轮廓仪完成一维线阵、"十"字线、棋盘格、圆圈、圆面共 5 种 DOE 的衍射图样测量，并将测量得到的衍射图像插入同一页面，加上注释，排版后打印。

六、思考与讨论

(1) 在大约束腰的位置放置扩束镜片，思考这样放置的原因。
(2) 在用单透镜成像时，如何保证图像不失真？

七、参考文献

[1] 周炳琨，高以智，陈倜嵘，等. 激光原理. 北京：国防工业出版社，2000.
[2] 石顺祥. 物理光学与应用光学. 西安：西安电子科技大学出版社，2014.
[3] 刘继芳. 现代光学. 西安：西安电子科技大学出版社，2004.

实验十四　半外腔氦氖激光器的装调

　　1960 年，梅曼发明了第一台红宝石激光器，标志着激光技术的诞生。激光器由光学谐振腔、工作物质(增益介质)、激励系统构成。相对于一般光源，激光有良好的方向性，也就是说，光能量在空间的分布高度集中在光的传播方向上。但它也有一定的发散度。在激光的横截面上，光强是以高斯函数型分布的，故称作高斯光束。同时激光还具有单色性好的特点，也就是说，它可以具有非常窄的谱线宽度。激光在受激辐射后经过谐振腔等多种机制的作用和相互干涉，最后会形成一个或者多个离散的、稳定的谱线，这些谱线就是激光的模式。

　　激光谐振腔通常是由两面或多面镜片组成的开放式光腔，是激光器的重要组成部分，其作用包括选择谐振模式、提供光学正反馈和输出激光。谐振腔的调节是从事激光器研究的科技人员必须掌握的基本技能。本实验依据"激光原理"课程中"光学谐振腔"以及"气体激光器"的教学内容而设，有助于加深学生对于谐振腔、半外腔氦氖(He-Ne)激光器的感性认识。

一、实验目的

　　(1) 深刻理解半外腔氦氖激光器的组成原理与特点、横模的概念。
　　(2) 掌握小孔法调谐半外腔氦氖激光器谐振腔，并利用光斑轮廓仪观测低阶横模光斑图样的方法。
　　(3) 学习半外腔氦氖激光器的设计、组装、调试技能。
　　(4) 拓展研究氦氖激光器在准直定位、激光全息、精密测量等领域的应用。

二、实验原理

1. 氦氖激光器原理与结构

　　氦氖激光器是世界上出现的第一种气体机器，其结构简单、使用方便、工作可靠，至今仍是应用最广泛的一种气体激光器，其工作波长有三种：$0.6328~\mu m$、$1.15~\mu m$ 和 $3.93~\mu m$，其中第一种使用最为广泛。

　　同大多数激光器一样，氦氖激光器由光学谐振腔、工作物质(增益介质)、激励系统构成。对氦氖激光器而言，增益介质就是在毛细管内按一定的气压充以适当比例的氦氖气体，当氦氖混合气体被电流激励时，与某些谱线对应的上下能级的粒子数发生反转，使介质具有增益。介质增益与毛细管长度、内径粗细，两种气体的比例，总气压以及放电电流等因素有关。对谐振腔而言，是由两面反射镜组成的开放式光腔，腔长要满足频率的驻波条件，谐振腔镜的曲率半径要满足腔的稳定条件。总之腔的损耗必须小于介质的增益，才能建立激光振荡。氦氖激光器激励系统采用开关电路的直流电源，体积小、重量轻、可靠性高，可长时间运行。在激光管的阴极、阳极上串接着镇流电阻，防止激光管在放电时出现闪烁现象。

根据结构的不同，氦氖激光器可分为内腔式、半外腔式和外腔式三种。内腔式氦氖激光器的腔镜封装在激光管两端；半外腔式氦氖激光器的激光管一端封装有输出镜，另一端为布氏窗，起到滤除垂直偏振成分的作用，激光管、全反镜安装在调节支架上；外腔式氦氖激光器的激光管、输出镜及全反镜安装在调节支架上，调节支架能调节输出镜与全反镜之间的平行度，使激光器工作时处于输出镜与全反镜相互平行且与放电管垂直的状态。

本实验所用半外腔式氦氖激光器基本结构如图 14.1 所示。振荡光通过布氏窗时入射角等于布儒斯特角，则平行偏振光（p 波）发生全透射，垂直偏振光（s 波）部分被反射，因此，p 波的腔内往返损耗远小于 s 波。实际上，只有 p 波能形成稳定振荡，这就是布氏窗的偏振滤波原理。全反镜和输出镜构成谐振腔，其中，全反镜为球面镜，曲率半径为 R，装在二维角度可调镜架上，镜架放在导轨上，可前后移动镜架而改变腔长 L。阳极和阴极已经连接有红色和黑色的引线，使用时插入激光电源后端相应颜色的插孔中即可。

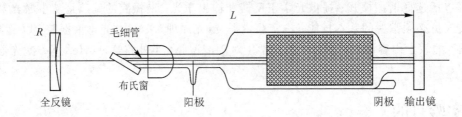

图 14.1　半外腔式氦氖激光器原理图

2. 激光的模式

在外部激励作用下，增益介质的某一对能级间将形成粒子数反转分布，由于自发辐射和受激辐射的作用，将有一定频率的光波产生，在腔内传播，并被增益介质逐渐增强、放大。被传播的光波决不是单一频率的，通常所谓的某一波长的光，指的是中心波长。因能级有一定宽度，所以粒子在谐振腔内运动受多种因素的影响，实际激光器输出的光谱宽度是自然增宽、碰撞增宽和多普勒增宽叠加而成。不同类型的激光器，工作条件不同，以上诸影响有主次之分。例如低气压、小功率的氦氖激光器 632.8 nm 谱线，以多普勒增宽为主，增宽线型基本呈高斯函数分布，宽度约为 1500 MHz，只有频率落在增宽范围内的光在介质中传播时，光强才会获得不同程度的放大。但只有单程放大，还不足以产生激光，还需要有谐振腔对它进行光学反馈，使光在多次往返传播中形成稳定持续的振荡，才有激光输出的可能。形成持续振荡的条件是：光在谐振腔中往返一周的光程差应是波长的整数倍，满足相干加强条件，即

$$2\mu L = q\lambda_q \qquad\qquad (14-1)$$

其中，μ 为折射率，对氦氖混合气体，$\mu \approx 1$；L 为腔长；q 是正整数，每一个 q 对应纵向一种稳定的电磁场分布 λ_q，叫一个纵模，q 称作纵模序数。由于光波长是一个很小的数，因此 q 很大，通常我们不需要知道它的数值，而只关心有几个不同的 q 值，即激光器有几个不同的纵模。显然，式（14-1）也是腔长为 L 的谐振腔内形成驻波的条件，腔内的纵模是以驻波形式存在的，q 值反映的恰是驻波波腹的数目。

由式(14-1)可以求得纵模的频率为

$$\nu_q = q\frac{c}{2\mu L} \tag{14-2}$$

因此，相邻两个纵模的频率间隔为

$$\Delta\nu_{\Delta q} = 1 = \frac{c}{2\mu L} \approx \frac{c}{2L} \tag{14-3}$$

可见，相邻纵模频率间隔和激光器的腔长成反比。即，腔越长，$\Delta\nu_{纵}$ 越小，满足振荡条件的纵模个数越多；相反腔越短，$\Delta\nu_{纵}$ 越大，在同样的增宽曲线范围内，纵模个数就越少。因而缩短腔长是获得单纵模运转激光器的方法之一。

任何事物都具有两面性，光波在腔内往返振荡时，一方面有增益，使光不断增强，另一方面也存在着不可避免的多种损耗，使光能减弱，如介质的吸收损耗、散射损耗、镜面透射损耗和放电毛细管的衍射损耗等。所以不仅要满足谐振条件，还需要增益大于各种损耗的总和，才能形成持续振荡，有激光输出。如图14.2所示，图中，增益线宽内虽有五个纵模满足谐振条件，但只有三个纵模的增益大于损耗，能有激光输出。对于纵模的观测，由于 q 值很大，相邻纵模频率差异很小，眼睛不能分辨，必须借用一定的检测仪器才能观测到。

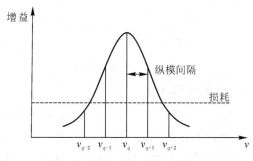

图 14.2　纵模间隔

光在谐振腔内多次往返，在纵向形成不同的场分布（纵模），对横向场分布也产生重要影响。这是因为光每经过放电毛细管反馈一次，就相当于一次衍射，多次反复衍射，就在横向的同一波腹处形成一个或多个稳定的衍射光斑，每一个衍射光斑对应一种稳定的横向电磁场分布，称为一个横模。我们所看到的复杂的光斑则是这些基本光斑的叠加。图14.3是几种低阶横模的光斑图样。

图 14.3　低阶横模光斑图样

可见，激光模式即为激光谐振腔内能够稳定存在的场分布，纵模指的是纵向的场分布，而横模指的是横向的场分布。任何一个模，既是纵模，又是横模。它同时有两个名称，不过是对两个不同方向的观测结果分开称呼而已。一个模由三个量子数来表示，通常写作 TEM_{mnq}。其中，q 是纵模序数；m 和 n 是横模序数，m 是沿 x 轴场强为零的节点数，n 是沿 y 轴场强为零的节点数。横模决定光斑图样，激光频率则由横模、纵模共同决定。

三、实验仪器

本实验所用仪器主要包括：半外腔氦氖激光器及其电源、带小孔的"十"字叉丝板、台灯、小孔光阑、光斑轮廓仪（含 CMOS 相机、软件等）、衰减片、光具座等。

四、实验内容及步骤

实验装置如图 14.4 所示。

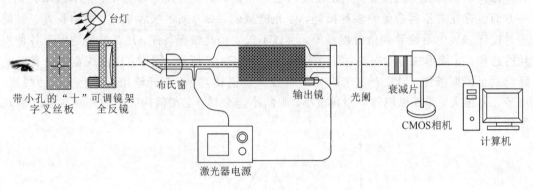

图 14.4　实验装置图

1. 利用小孔法调谐半外腔氦氖激光器

（1）如图 14.4 所示，将带有小孔的"十"字叉丝板固定在调整架上，并置于光具座一端，带有"十"字刻度线的一侧朝向导轨内侧。将半外腔激光器靠近"十"字叉丝板放置在光具座上，调整半外腔激光器底座两端高度，目测激光器平行于光具座导轨即可。选择一定曲率半径的全反镜，将其装入全反镜架中，并将镜架移动至半外腔激光器底座全反镜导轨的中间位置，锁紧。

（2）将激光器引线插入激光电源插孔中，红线插入红色插孔，黑线插入黑色插孔，并启动电源，点亮激光管。此时，由于激光器谐振腔处于失谐状态，激光管发出橘红色荧光，并无激光输出。

（3）眼睛靠近"十"字叉丝板，通过"十"字叉丝板中心小孔，目视氦氖激光器毛细管，可以看到一个明亮的圆形光点，如图 14.5(a)所示。仔细调整"十"字叉丝板的高低与左右位置，直到可以在圆形光点中看到一个更亮的、更小的光点，称为极亮点，如图 14.5(b)所示。显然，圆形光点为毛细管的近端光点，而极亮点则为毛细管的远端光点。由于远端光

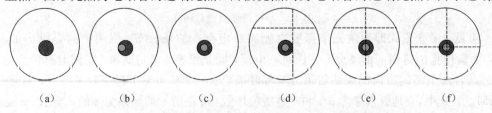

(a)　　　(b)　　　(c)　　　(d)　　　(e)　　　(f)

图 14.5　小孔法调谐的观测图

点经过了一定距离的增益放大，因此亮度更高，又由于视觉效应，远端光点也更小。微调"十"字叉丝板的左右和高低位置，将极亮点调整到圆形亮点的中心，如图 14.5(c)所示。此时，"十"字叉丝板上的小孔与毛细管的轴线重合。

说明：极亮点的寻找是本实验的难点，在调整小孔的位置时需要仔细观察圆形亮点变化，寻找其中的极亮点。

（4）将台灯放置在实验平台上，位置靠近"十"字叉丝板的"十"字刻度线一侧，使用台灯照亮"十"字叉丝板，通过"十"字叉丝板的小孔，可以看到激光器全反镜外表面（平面）所成的"十"字叉丝像，如图 14.5(d)所示。

说明：如果看不到"十"字叉丝像，则需要检查照明光是否强度足够，是否照在了"十"字叉丝刻线上，并旋转镜架上的两个调节旋钮，目视全反镜基本垂直于激光器底板。

（5）通过叉丝板小孔观察"十"字叉丝像的位置，微调镜架的水平方位角调节旋钮，使得"十"字叉丝像的竖线通过极亮点中心，如图 14.5(e)所示。然后，微调俯仰角调节旋钮，使得"十"字叉丝的横线通过极亮点中心，如图 14.5(f)所示。在"十"字叉丝像的交点与毛细管内极亮点重合的瞬间，谐振腔由失谐状态变为谐振状态，激光器输出明亮激光。

注意：激光器输出激光后，全反镜会有少量透射，严禁再用眼睛通过小孔观察，否则，容易对眼睛造成伤害。

2. 用光斑轮廓仪观测氦氖激光器横模

1）利用小孔光阑将激光光束调至水平

把固定高度的小孔光阑靠近激光器输出端放置在导轨上，调节激光器底板前后端的高度，使激光束通过小孔，再把小孔光阑移至激光器远端，微调激光器底板两端的高度，使激光束通过小孔，反复调节，使得一定距离内激光束是水平光。之后，将小孔光阑重新放置于激光器输出端锁定，调整横向位置，让光束通过小孔中心。如果为可变孔径光阑，可以将光阑孔径调为最大，避免遮挡光束，也可移除光阑。

2）设置光斑轮廓仪

将 CMOS 相机放置在导轨另一端，锁定（实验过程中相机和激光器相对位置固定不变，记录相机与激光器输出镜的距离）。调节 CMOS 相机的高低和横向位置，使光束照射至相机感光面上，启动光束质量分析软件，进行参数设置，观察光斑，调整增益和曝光时间，使得光斑中心一点亮度最大，灰度值接近 255。

注意：如果无法通过增益消除饱和，或衰减严重，光束过弱，则需要调整 CMOS 相机前端的衰减片组合。

3）利用光斑轮廓仪观测光斑图样

（1）微调后全反镜角度，直至观测到 TEM_{00} 模光斑图样，利用光斑轮廓仪测量当前光斑尺寸，并保存图像。

注意：光斑轮廓仪的使用方法参见"氦氖激光器光束参数测量"实验。

（2）微调后全反镜水平和俯仰角度，观察光斑图样和光强的变化。通过角度调节，依次观测到 TEM_{01} 模和 TEM_{10} 模光斑图像，用光斑轮廓仪测量相应的光斑尺寸，并保存图像。

（3）改变谐振腔腔长（在激光器底板导轨上前后移动后全反镜镜架），并适当微调后全反镜角度，直至观测到 TEM_{00} 模光斑图样，利用光斑轮廓仪测量当前光斑尺寸，并保存图像。

（4）完成实验内容后关闭实验设备电源，并整理实验台。

五、数据处理

完成上述实验内容，在 Word 文件中按照表 14.1、表 14.2 样式绘制数据表，并插入相应实验测量数据。

表 14.1　原始测量数据表

（全反镜曲率半径：　　　　　腔长：　　　　相机与输出镜距离：　　　　）

此处插入 TEM_{00} 模光斑图像	此处插入 TEM_{10} 模光斑图像	此处插入 TEM_{01} 模光斑图像
光斑中心： 横向半径： 纵向半径：	光斑中心： 横向半径： 纵向半径：	光斑中心： 横向半径： 纵向半径：

表 14.2　原始测量数据表

（全反镜曲率半径：　　　　　相机与输出镜距离：　　　　）

此处插入 TEM_{00} 模光斑图像	此处插入 TEM_{00} 模光斑图像	此处插入 TEM_{00} 模光斑图像
腔长 L_1： 光斑中心： 横向半径： 纵向半径：	腔长 L_2： 光斑中心： 横向半径： 纵向半径：	腔长 L_3： 光斑中心： 横向半径： 纵向半径：

六、思考与讨论

（1）分析半外腔氦氖激光器的输出光束的偏振状态。

（2）思考小孔法调谐激光器谐振腔的基本原理。

七、参考文献

[1] 周炳琨，高以智，陈倜嵘，等. 激光原理. 北京：国防工业出版社，2000.

实验十五　钕玻璃激光器的装调

钕玻璃激光器是以钕玻璃为增益介质的固体激光器，与气体激光器相比，具有结构紧凑、体积小、寿命长，容易获得高功率等优点。钕玻璃具有受激发射截面大、激光增益系数高、非线性折射率小等特点，是高功率激光装置的核心材料。钕玻璃激光器主要用于国防军工、航空航天、核能等战略性领域，在工业加工领域也有着广泛的应用。

一、实验目的

（1）了解固体激光器的工作原理及结构、内调焦望远镜的基本原理与使用方法。

（2）掌握固体激光器的装调方法。

（3）学习固体激光器的设计、装配、调试、测试与数据处理方法。

（4）拓展学习固体激光的调谐方法以及利用固体激光器进行测距、打标、焊接等应用。

二、实验原理

固体激光器因具有能量大、峰值功率高、结构紧凑、牢固耐用等优点而得到迅速发展和广泛应用。目前最常用的固体激光器有红宝石激光器、掺钕钇铝石榴石激光器（又称YAG 激光器）、钕玻璃激光器、掺钕铝酸钇激光器（又称 YAP 激光器）。这些激光器都是以其工作物质划分的。

由于固体激光器一般都采用光泵激励，能量转换环节多，因而器件效率低，一般只在 $0.1\% \sim 2\%$ 之间。

中小型固体激光器的光泵激励方式有两种：连续泵浦和脉冲泵浦。连续泵浦的固体激光器在稳定运转状态下工作，激光能长时间连续输出；脉冲泵浦的固体激光器其激光脉冲按照一定的重复率输出，低重复率工作状态为每分钟数次，高重复率工作状态为每秒钟十次至上百次。若在谐振腔内不采取任何调制措施，则脉冲激光器工作于弛豫振荡状态，输出的激光脉冲由一系列小的尖峰结构组成。脉冲总的持续时间较长，为零点几毫秒到几十毫秒，脉冲峰值功率低，一般为几十千瓦的数量级。这种工作状态下的输出通常称为静态输出。反之，凡在谐振腔内加有调制措施的激光器，其输出称为动态输出。本实验所装调的固体激光器为前者，故称为静态固体激光器。其工作物质为钕玻璃，即在玻璃材质中掺入适当的钕离子而形成，它在光受激发射时产生激光的工作离子，发出的激光谱线为 $1.06~\mu m$。

1. 固体激光器的组成

固体激光器一般由工作物质（钕玻璃棒）、泵浦灯（氙灯）、聚光腔和谐振腔四大部分组成，如图 15.1 所示。

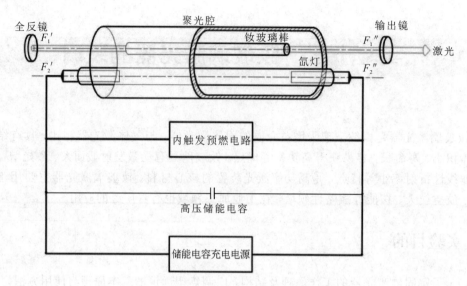

图 15.1 氙灯泵浦固体激光器组成原理图

激光工作物质是激光器的核心部分。它是一种可以用来实现粒子数反转和产生光的受激发射作用的物体系。

在固体激光中，粒子数的反转分布一般是由光泵浦来实现的。最常用的泵浦灯有脉冲氙(Xe)灯和连续氪(Kr)灯等，我们所使用的为脉冲氙灯。氙灯结构一般多采用直管状，也有螺旋状的，如图 15.2 所示。灯壁为石英玻璃，两端与电极相接。电极采用具有高熔点、高电子发射率、不易溅射的金属材料做成，如钍钨、钡钨、铈钨等。灯管充气的气压，脉冲灯一般为 200~450 毫米汞柱，连续灯为几个大气压。

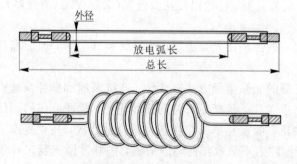

图 15.2 直管状氙灯(左图)与螺旋状氙灯(右图)

聚光腔(又称泵浦腔)通常是一个空心的封闭几何形体，光源和工作物质安放在其中，内表面为高反射镜面或漫反射面。聚光腔的作用是将泵浦灯的辐射能量最大限度地传输到工作物质上去，并满足一定的均匀性要求。它的传播性能的好坏直接影响激光输出光束的均匀性、发散度等，并可能造成热畸变效应，从而影响激光器的正常工作。本实验所使用的是椭圆柱面的激光腔，其内表面镀了高反射金属膜层，泵浦灯和工作物质分别安放在腔内的两条焦线上，从而有效地利用了泵浦灯的辐射能量。

谐振腔(又称共振腔)的作用,一方面是提供光学反馈能力;另一方面是对腔内振荡光束频率和方向产生限制。本实验使用的激光器采用平—平谐振腔。它是由一块反射率在99.9%以上的平面全反镜和一块具有一定透过率的输出镜(平面反射镜)组成的。

2. 固体激光器的工作原理

打开激光高压开关,给储能电容充电。当触发高压通过触发丝加到脉冲氙灯上使其电离形成一个火花通道时,加在储能电容中的能量在短时间内由氙灯释放,产生极强的弧光放电。经由聚光腔将氙灯光反射聚焦在激光工作物质上,从而使其中的 Nd^{3+} 粒子被抽运到高能态,形成"粒子数反转分布"状态,经全反镜与输出镜(即谐振腔)往返振荡放大,当光强大于腔内损耗时,就产生激光输出。

3. 内调焦望远镜的基本原理

内调焦望远镜可以用于调谐激光谐振腔,其光路图如图15.3所示。灯泡发出的光经过透镜准直后投射到三棱镜中,三棱镜与凹面反射镜之间有一层刻有"十"字叉丝的金属膜,灯光经三棱镜内表面反射后可由"十"字叉丝透过,相当于引入了"十"字叉丝形状的光源。该光源发出的光经过可调焦物镜变为平行光射向平面镜 M,若 M 与光路垂直,则光线经 M 的反射后沿着原光路返回,经过凹面反射镜、平面反射镜、透镜、刻度板、目镜后,可由人眼观察到"十"字叉丝像。通过微调谐振腔反射镜、增益介质棒的水平角和俯仰角,使得它们反射回视场的"十"字叉丝像完全重合,即表明谐振腔镜、增益介质棒端面严格平行,谐振腔已调谐,可上电工作。

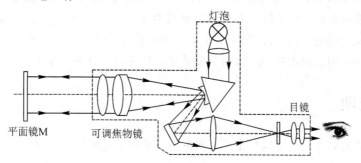

图 15.3　内调焦望远镜光路原理图

三、实验仪器

本实验所用仪器主要包括:固体激光电源、固体激光器泵浦腔一套(包括脉冲氙灯、钕玻璃棒、聚光腔等)、全反镜、输出镜、激光能量计、光具座、内调焦望远镜(包括 6 V 电源)等。

四、实验内容及步骤

实验装置如图 15.4 所示。

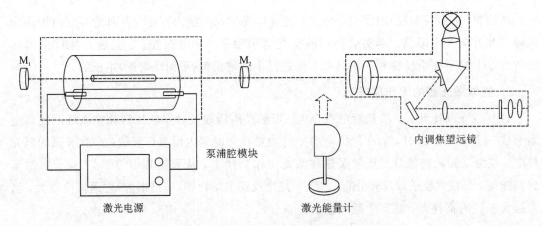

图 15.4　钕玻璃激光器的装调实验装置图

（1）了解固体激光器各元件的性能及作用，熟悉实验仪器的组成原理和操作方法，特别是要注意安全事项。

（2）参照图 15.4，利用给定的激光元件组装和调试固体脉冲激光器。对于固体激光器来讲，若要使它能正常工作，关键在于使全反镜 M_1、部分反射镜（输出镜）M_2 与激光棒轴垂直。

具体调试步骤为：调节内调焦望远镜，使其对无穷远调焦，然后对准激光器输出端，找到两反射镜的棒端面的反射"十"字像，调节两反射镜，使其像与棒两端面像重合即可。

（3）经指导教师许可后，按下激光电源总开关，上电预热 3 分钟后，启动激光器，打出激光束并用黑像纸接收，由输出光斑的形状判断激光器装调的质量。若光斑形状不好，则应找出原因，重新调试，直至输出光斑形状满意为止。

（4）利用激光能量计测量激光脉冲能量。固定重复频率，改变激光电源放电电流，重复测量脉冲能量；固定放电电流，改变重复频率，重复测量脉冲能量。

五、数据处理

（1）固定重复频率，改变放电电流，测量脉冲能量，完成表 15.1。

表 15.1　脉冲能量测量数据表（重复频率　　　Hz）

放电电流/A								
脉冲能量/mJ								

（2）固定放电电流，改变重复频率，测量脉冲能量，完成表 15.2。

表 15.2　脉冲能量测量数据表（放电电流　　　A）

重复频率/Hz								
脉冲能量/mJ								

六、思考与讨论

（1）氙灯泵浦钕玻璃激光器是如何提高泵浦光利用效率的？利用了什么光学原理？

（2）氙灯泵浦钕玻璃激光器的重复频率由什么因素决定？如何才能提高峰值功率？

七、参考文献

[1] 周炳琨，高以智，陈倜嵘，等. 激光原理. 北京：国防工业出版社，2000.

[2] 陈鹤鸣. 激光原理及应用. 北京：电子工业出版社，2013.

[3] 高以智. 激光实验选编. 北京：电子工业出版社，1985.

实验十六　半导体激光器参数测量

半导体激光器也叫激光二极管(Laser Diode，LD)，是最典型的光电子器件之一。它是用半导体材料作为工作物质的一类激光器，由于物质结构上的差异，产生激光的具体过程比较特殊。常用材料有砷化镓(GaAs)、硫化镉(CdS)、磷化铟(InP)、硫化锌(ZnS)等。激励方式有电注入、电子束激励和光泵浦三种形式。半导体激光器件可分为同质结、单异质结、双异质结等几种。同质结激光器和单异质结激光器室温时多为脉冲器件，而双异质结激光器室温时可实现连续工作。半导体激光器是现代光通信、各种 CD 光盘机、激光打印机、复印机、条码扫描器等信息设备的重要元件，高功率半导体激光器是光纤激光器和一些固体激光器的泵浦光源。由于半导体激光器有效率高、使用方便、体积小、便于调制、价格低廉等特点，它在材料加工、医疗诊断等很多领域中有越来越多的应用。半导体激光器的种类也越来越多，覆盖的波长范围也越来越宽，以适合不同应用的需要。器件的性能也在不断地得到改进和提高。

一、实验目的

(1) 深刻理解半导体激光器的基本原理。

(2) 掌握利用功率计、多通道分析仪测量半导体激光器的电流—功率曲线、电流—电压曲线以及光谱曲线的方法，并依据测量结果确定阈值电流、中心波长。

(3) 学习激光器参数测试系统的设计、调节、光路搭建技能和数据处理方法。

(4) 拓展研究半导体激光器在激光通信、激光测距、激光对抗、激光显示等领域的应用。

二、实验原理

1. 半导体激光器的工作原理

若不考虑电源，激光器主要由增益介质(工作物质)和谐振腔两部分组成，增益介质通过产生受激辐射来产生电磁波；谐振腔用于控制电磁波的传播特性，将电磁波限制在少数几个模式。顾名思义，半导体激光器的增益介质是半导体材料，在一般的半导体激光器中，构成谐振腔的也是半导体材料。

1) 半导体作为光的增益介质

电子在两个能级(态)之间跃迁产生光的吸收或发射。在半导体中有若干种不同的跃迁机理，电子—空穴复合发光(即能带间的跃迁)是其中最主要的一种。此时，产生电子跃迁的上、下能态是半导体的导带和价带。半导体中若掺杂了施主杂质，使材料比未掺杂时(本征半导体)具有更多的电子,则称为 N 型半导体;若掺杂了受主杂质,使材料比未掺杂时具有更多的空穴,则称为 P 型半导体。在制作半导体激光器时,控制掺杂的种类和浓度,可以使一块半导体材料的一侧成为 N 型区,另一侧成为 P 型区,两区的交界处,被称为 PN 结。PN 结区有一能量势垒,阻止 N(P)型区的电子(空穴)进入 P(N)型区。在 N 型区,电子是多数载流子,空穴是少数载流子;在 P 型区则相反。

为了实现 PN 结附近非平衡载流子的反转分布,首先要有合适的工作物质和特殊的结构。目前一般用重掺杂的 GaAs PN 结。在零偏压下,PN 结附近两侧的能带结构如图 16.1 所示。图中 E_c 是导带,E_V 是价带,E_F 是系统在热平衡时的费米能级。与轻掺杂情况相比,在 P 区和 N 区中载流子浓度极高,P 区的费米能级处于价带中,N 区的费米能级处于导带中,两个区有统一的费米能级 E_F。载流子处于平衡态,其势垒高度为 eV_D。

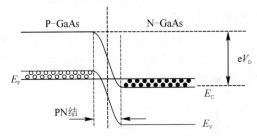

图 16.1　未加偏置电压时半导体激光器的能带

如果在两侧加上正向电压,则使势垒降低,外加的电源向 N 区注入电子,向 P 区注入空穴。大量注入电子和空穴的半导体的状态与系统处于热平衡时的状态是不同的,此时,电子和空穴处于非平衡态,有各自的费米分布 $f_e(E)$ 和 $f_h(E)$ 以及不同的准费米能级 E_{F_N} 和 E_{F_p}。N 区的电子会经过 PN 结向 P 区运动,P 区的空穴也会经 PN 结向 N 区运动,在 PN 结处,即激活区(或称有源层),产生粒子数反转,电子和空穴复合,以光子的形势释放出能量。这是半导体作为增益介质,在电流注入时的电子—空穴对复合发光的机理。

图 16.1 和图 16.2 是在坐标空间中的能级图(横坐标沿垂直于 PN 结平面的方向,用以说明电子空穴对的复合发光是在 PN 结的区域中发生的)。

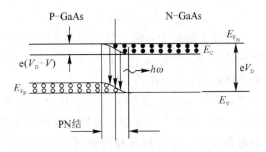

图 16.2　加正向偏置电压时半导体激光器的能带及电子空穴对的复合发光机理

图 16.3 是直接带隙半导体在动量空间中的能级图(横坐标表示准动量,用以说明电子和空穴在能带中的分布情况)。发光强度 $I(h\nu)$ 与导带的态密度 $D_e(E)$、价带的态密度 $D_h(E)$、导带和价带中电子的费米分布概率 $f_e(E)$ 和 $f_h(E)$ 有关:

$$I(h\nu) \propto \int D_e(E)f_e(E)D_h(E-h\nu)[1-f_h(E-h\nu)]dE \qquad (16-1)$$

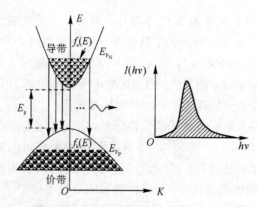

图 16.3　直接带隙带间复合发光的能级图

在低载流子密度的经典极限下，有：

$$I(h\nu) \propto (h\nu - E_g)^{1/2} \exp[-(h\nu - E_g)/(k_B T)] \quad (h\nu > E_g) \quad (16-2)$$

图 16.4 是电子空穴对复合发光的光谱。虚线 D 表示能带的态密度。光谱有一个发光峰，有一定的宽度，峰值位置和峰的宽度都与温度有关。

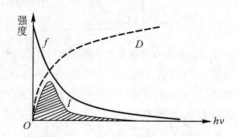

图 16.4　带间跃迁发光光谱

在高载流子密度的简并情况下，则要进一步考虑费米分布。

半导体激光器能够产生激光振荡，即产生受激发射的必要条件是电子和空穴的分布不处于热平衡状态，而处于粒子数反转的状态。通过电流注入或者光激发的方式，可产生非热平衡的分布，使得

$$E_{F_N} - E_{F_P} > h\nu > E_g \quad (16-3)$$

这样，系统就具有了对光进行放大的能力，成为具有增益的工作介质。在实际的半导体激光器中，发光机理也可以不是电子—空穴复合，而是激子发光、杂质发光等。发光激活区的结构也有多种形式，如双异质结、量子阱等。

利用谐振腔将以上发光过程产生的光场限制在少数几个模式中，使能量集中，光场增强，再考虑到增益大于损耗，则可产生受激辐射，成为半导体激光器。在半导体激光器中，构成谐振腔的两个反射镜通常是半导体材料本身的解理面形成的两个端面。半导体与空气的界面的反射率 R 通常在 30％左右。由于谐振腔的限制，在腔内满足驻波条件的电磁场（光场）处于特定的模式。激光将只能在这些模式的频率上产生。由于存在损耗，这些模式也有一定的线宽，但比材料发光光谱的线宽小很多。电流注入产生粒子数反转，在某一特定电流 I_{th}（阈值电流），由谐振腔确定的模式频率上，增益大于由吸收和散射造成的损耗 α 以及在反射镜上的透射损失，则产生激光。激光稳定振荡的条件是

$$g_{th} = \alpha - \frac{1}{2l}\ln(R_1R_2) \qquad\qquad (16-4)$$

此增益 g_{th} 称为阈值增益，l 是激光器的腔长。

继续增加电流 I，粒子数反转增加，电子和空穴的复合增加，则激光强度增加。输出激光的功率 P 为

$$P \propto I - I_{th} \qquad\qquad (16-5)$$

比例因子与电子－空穴对向光子转化的量子效率、输出反射镜的透过率、光场模式与注入电流区的重合、器件的结构等因素有关。

2）半导体激光器的结构

端面发光条形半导体激光器的结构见图 16.5。图中的有源层就是以上所讲的 PN 结区，注入电流的方向和激光的传播方向已在图中标出。由于半导体材料的折射率与空气的折射率相比较高，而且晶体的解理面很平整，故半导体材料的前后两个解理面正好构成了谐振腔的两个反射镜。限制层、有源层、反射面以及条形的注入电流的区间决定了激光的传播方向和特性。

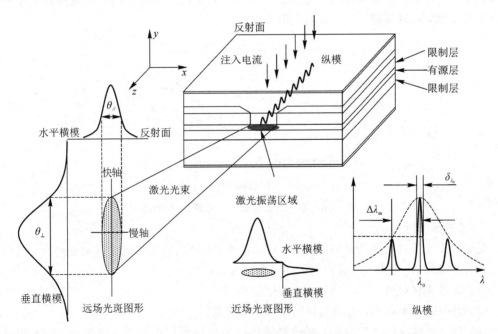

图 16.5　激光二极管内的横向和纵向模式

激光束（电磁波）的空间分布分为横向模式和纵向模式。在图 16.5 的纵向模式的插图中，λ_0 是激光的中心波长，$\Delta\lambda_m$ 是增益线宽的半宽度，δ_{λ_0} 是激光谱线的宽度。半导体激光器的激光谱线的线宽是由多种因素决定的，主要有材料、腔长、功率、温度等。通常，半导体激光器的腔长在几百至几千微米。另外，半导体材料的自然解理面形成的反射面的反射率很低，只有 30% 左右。这些因素决定了半导体激光器的谱线宽度。半导体激光器横向模式的近场分布与远场分布是不同的，如图 16.5 所示。近场光斑与 PN 结平行方向大于垂直方向，远场则相反，垂直方向远场发散角远大于平行方向的，因此，垂直方向称为快轴方向，平行方向称为慢轴方向。

实际的半导体激光器的具体结构也有多种形式,以上是一种典型的半导体激光器的基本结构。近年来有很多新发展,可参考有关文献。

2. 半导体激光器的工作特性

图 16.6 给出了典型的半导体激光器的工作特性示意图。图中实线是输出功率和工作电流的关系(P-I 曲线)。可以清楚地看到,曲线基本是由两条直线构成的,在拐点位置附近,斜率明显变化,这个拐点就是阈值电流。当工作电流小于阈值电流时,增益较小,不足以克服谐振腔内损耗,无法建立稳定的激光振荡,此时,输出以自发辐射荧光为主,光谱很宽;当工作电流大于阈值电流时,增益占优,谐振腔内形成稳定的激光振荡,此时,输出以受激辐射激光为主。因此,可以近似地认为,在阈值前是荧光功率和电流的关系,阈值后是激光功率和电流的关系。实际中,我们常采用将远大于阈值的光功率和电流的曲线用最小二乘法拟合成一条直线,这条直线和电流坐标轴的交点的电流值定义为阈值电流。图中虚线是工作电压和工作电流的关系曲线(U-I 曲线),它也基本是由两段斜率不同的直线构成的,由斜率较大的第一段直线可以看出,LD(半导体激光器)电压随着工作电流迅速增加,实际上在工作电流很小时,电压已经较大了,所以一般测量时,只能测到斜率较小的第二段直线,可以反应 LD 本身的电阻特性。

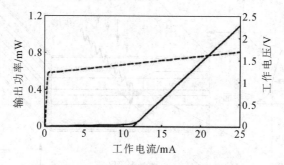

图 16.6　半导体激光器的工作特性示意图

1)阈值电流(I_{th})

当注入 PN 结的电流较低时,只有自发辐射产生,随电流值的增大增益也增大,达到阈值电流时,PN 结产生激光。影响阈值的几个因素是:

(1)半导体材料的掺杂浓度越大,阈值越小。

(2)谐振腔的损耗小,如增大反射率,阈值就低。

(3)与半导体材料结型有关,异质结阈值电流比同质结低得多。目前,室温下同质结的阈值电流大于 30 000 A/cm²;单异质结的约为 8000 A/cm²;双异质结的约为1600 A/cm²。

(4)温度愈高,阈值越高。温度达 100K 以上时,阈值与温度 T 的三次方成正比。因此,半导体激光器最好在低温和室温下工作。

2)发散角

由于半导体激光器的谐振腔短小,激光方向性较差,在结的垂直平面内,发散角最人,可达 40°～60°;在 PN 结的平行面内约为 15°～20°。(由于实验中我们使用的 LD 是已经加透镜准直后的,所以出射光束发散角要小很多,但仍可以明显观察到与 PN 结垂直和平行方向发散角的差异。)

3）效率

（1）外量子效率。

$$\eta_{ex} = \frac{\text{激光器每秒钟发射的光子数}}{\text{激光器每秒钟注入的电子空穴对数}} = \frac{P_{ex}/(h\nu)}{I/e_0} \quad (16-6)$$

其中，P_{ex} 为激光器输出光功率；h 为普朗克常数；e_0 为电荷常数；I 为工作电流。

（2）功率效率。

$$\eta_p = \frac{\text{激光器辐射的光功率}}{\text{激光器消耗的电功率}} = \frac{P_{ex}}{UI} \quad (16-7)$$

由于 $h\nu \approx E_g \approx e_0 U$，所以功率效率可以近似为外量子效率。其中，$U$ 为激光器工作电压。

（3）外量子微分效率。

由于激光器是阈值器件，当工作电流 I 小于阈值 I_{th} 时，发射功率几乎为零，而大于阈值以后，输出功率随电流线性增加，所以用外量子效率和功率效率对激光器的描述都不够直接，因此定义了外微分效率：

$$\eta_D = \frac{(P_{ex} - P_{th})/(h\nu)}{(I - I_{th})/e_0} \approx \frac{P_{ex}/(h\nu)}{(I - I_{th})/e_0} \quad (16-8)$$

由于各种损耗，目前的双异质结器件，室温时的 η_D 最高为 10%，只有在低温下才能达到 30%～40%。

4）光谱特性

由于半导体材料的特殊电子结构，受激复合辐射发生在能带（导带与价带）之间，所以激光线宽比之气体激光器和固体激光器较宽。可用多通道分析仪观测半导体激光器的波长及谱线。

三、实验仪器

本实验所用仪器包括：半导体激光器（LD）、LD 驱动电源、整形透镜（固定在半导体激光器输出端）、激光功率计、光具座、多通道分析仪、多通道分析仪控制箱、计算机、精密旋转台等。

四、实验内容及步骤

实验装置示意图如图 16.7 所示。

1. 测量半导体激光器的输出特性和伏安特性

（1）如图 16.7（a）所示，其中偏振片不使用。将 LD（输出端带整形透镜）固定在精密旋转台上，并放置在光具座一端，将 LD 电源线连接至 LD 驱动源输出端。将激光功率计探头放置在导轨上，调节激光功率计探头高度，目视与 LD 输出孔等高，启动激光功率计，选择适当量程，并在无激光辐射照射时调零。

（2）检查电流调节旋钮，确保处于"零"位（逆时针旋转到头），启动 LD 电源，选择合适的挡位。一般选择 LD 激光器电源的工作电流挡为 20 mA，工作电压不宜超过 6 V，预热

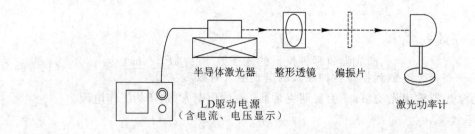

（a）

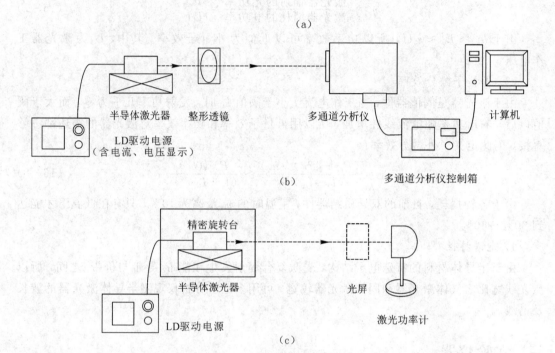

（b）

（c）

图 16.7　实验装置示意图

3 分钟后，顺时针旋转工作电流调节旋钮，观察经过整形后的输出光束，并细调激光功率计探头高度，确保光束入射至探头感光面上。记录多个状态下的电压、电流和功率值。

（3）利用测量数据，描绘 $P\text{-}I$ 曲线、$U\text{-}I$ 曲线，并依据 $P\text{-}I$ 曲线确定 LD 的阈值电流 I_{th}。

（4）完成测量后将激光器电流下降至阈值电流附近，从光路中去除激光功率计。

2. 使用多通道分析仪测量半导体激光器的光谱谱线

（1）将多通道分析仪放置在实验平台上，将入射孔调至与光束同轴等高，如图 16.7（b）所示。按照仪器说明书正确连接多通道分析仪、控制箱和计算机之间的数据连线。打开多通道分析仪控制箱电源开关，启动计算机，运行"LYP-6 型光谱仪"应用软件，等待系统完成初始化。

（2）设置中心波长：点击"检索"，输入中心波长值 650 nm，确定；点击"数据处理"下的"自动定标"，此时显示正确波长，点击"实时"进行光谱谱线采集。

（3）调整 LD 激光器的激光强度以及多通道分析仪入射孔前端的狭缝宽度，使分析仪能扫描到非饱和的光谱曲线。

说明：分别在工作电流小于阈值和大于阈值时各测量一条光谱曲线，并根据光谱曲线测量 LD 输出光束的峰值波长和线宽（半高宽 FWHM）。

（4）点击"停止"，拷屏并打印光谱谱线。

（5）完成光谱谱线测量之后，将 LD 工作电流调至阈值附近，并关闭多通道分析仪、计算机。

3. 半导体激光器的偏振度测量

（1）如图 16.7(a) 所示，将偏振片放入光路中，调节其高度，让光束从中心通过。将激光功率计探头放置在光路中，并调节高度，让光束入射到探头感光面中心处，选择合适的量程，并在无激光照射探头的条件下进行调零。适当增大工作电流。

（2）调节偏振片角度，使功率计示数最大，记下该示数和此时偏振片镜架上的刻度值。

（3）继续调节偏振片的角度，当功率计示数最小的时候，记下该示数和此时偏振片镜架上的刻度值。

（4）验证两次记录的偏振片镜架的刻度相差是否为 90°，根据下述公式计算该半导体激光器的偏振度：

$$P = \frac{I_{max} - I_{min}}{I_{max} + I_{min}} \tag{16-9}$$

（5）完成测量后，将工作电流降至零，并从光路中移除偏振片。

4. 半导体激光器的发散角测量

1) 利用精密转台测量发散角

（1）如图 16.7(c) 所示，从 LD 输出端去除整形透镜，并放置在元件盒内，避免丢失。增加 LD 工作电流，至阈值以上的某个值。用白纸仔细观察未经整形的 LD 发散光束，确定 LD 的快轴方向和慢轴方向，适当旋转精密转台所夹持激光器，使得慢轴方向为水平方向。将激光功率计探头放置在适当距离上，使发散的激光入射功率计。旋转精密转台，记录转台示数和功率计示数，描绘功率随角度的变化曲线，计算慢轴发散角。

注意：测量时，功率计探头应当扫过完整的光斑，不能只测量一半，且角度间隔不超过 1°。

（2）适当旋转精密转台所夹持激光器，使得快轴方向为水平方向。旋转精密转台，记录转台示数和功率计示数，描绘功率随角度变化曲线，计算快轴发散角。

（3）利用测量数据绘制功率—角度曲线，并确定快轴方向和慢轴方向的远场发散角。

2) 估算发散角

（4）从光路中移除激光功率计，将光屏放置在光具座上，如图 16.7(c) 所示。直接将去掉整形透镜的 LD 光束照射在光屏上，测量快轴方向和慢轴方向的光斑尺寸以及 LD 到光屏的距离，即可估算 LD 的发散角。

如图 16.8 所示，快轴方向发散角为 $\theta_\perp = 2\arctan[d_\perp/(2L)]$；同理，慢轴方向发散角为 $\theta_{/\!/} = 2\arctan[d_{/\!/}/(2L)]$。

（5）完成测量后将 LD 工作电流降为零。

5. 半导体激光器的光束整形

将耦合透镜从元件盒中取出，重新装入 LD 输出端。将 LD 工作电流调到阈值之上的

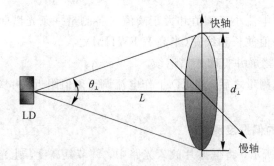

图 16.8　估算发散角示意图（快轴方向）

某个值，用光屏观察光束的整形效果，前后移动光屏，观察整形后光束的发散效果。细调 LD 激光器的耦合透镜的前后位置，前后移动光屏，观察光束发散特性的变化情况，找到一定范围内发散最小的位置。

五、数据处理

（1）LD 的输出特性和伏安特性。

将电流从零逐渐增加，按照表 16.1 格式记录电流、电压、功率数据。

表 16.1　半导体激光器的电流、电压、功率测量数据表

电流/mA	电压/V	功率/mW	电流/mA	电压/V	功率/mW
0			16		
2			18		
4			20		
6			22		
8			24		
10			26		
12			28		
14			30		

依据测量数据，利用绘图软件绘制 P-I 曲线、U-I 曲线，并确定半导体激光器的阈值电流。

（2）光谱特性。打印测量到的光谱曲线，并标出峰值波长，线宽（半高宽 FWHM）。

（3）偏振度。记录 I_{max}、I_{min} 值和相应的偏振片角度，由公式 $P = \dfrac{I_{max} - I_{min}}{I_{max} + I_{min}}$ 计算偏振度。

（4）发散角。测量精密旋转台角度变化时的激光功率，完成表 16.2 和表 16.3。

表 16.2　快轴方向测试数据表格

角度 $\theta/°$								...
功率 $P/\mu W$								...

依据表 16.2 测量结果绘制快轴方向功率—角度（ $P-\theta_\perp$ ）曲线，给出快轴发散角的测量结果。

表 16.3　慢轴方向测试数据表格

角度 $\theta/°$								...
功率 $P/\mu W$								...

依据表 16.3 测量结果绘制慢轴方向功率—角度（ $P-\theta_{//}$ ）曲线，给出慢轴发散角的测量结果。

（5）发散角估算。测量光屏上快轴方向和慢轴方向的光斑尺寸、光屏与激光器距离，给出发散角估算结果。

六、思考与讨论

（1）半导体激光器的阈值电流指的是什么？
（2）半导体激光器的中心波长与什么有关？

七、参考文献

［1］安毓英，曾晓东. 光学传感预测量. 北京：电子工业出版社，2001.
［2］周炳琨，高以智，陈倜嵘，等. 激光原理. 北京：国防工业出版社，2000.

实验十七　二极管泵浦固体激光器综合实验

　　二极管泵浦固体激光器是一种采用激光二极管(Laser Diode，LD)作为泵浦源，固体激光材料作为工作物质的激光器，具有效率高、寿命长、光束质量高、稳定性好、结构紧凑、小型化等优点，在光电对抗、工业加工、光通信等领域有着广泛的应用。从 20 世纪 80 年代起，随着半导体激光器制造工艺的成熟以及新型激光材料的出现，二极管泵浦固体激光器技术得到蓬勃发展，其输出功率和转换效率有了极大的提高。

一、实验目的

　　(1) 理解二极管泵浦固体激光器的工作原理及非线性倍频技术。
　　(2) 掌握二极管泵浦固体激光器的调试方法。
　　(3) 拓展研究激光倍频技术的应用。

二、实验原理

1. 二极管泵浦固体激光器的工作原理

　　二极管泵浦固体激光器是以激光二极管为泵浦源，以稀土掺杂晶体材料(如 Nd:YAG、Nd:YVO$_4$ 等)为增益介质的激光器。在使用中，由于泵浦源 LD 输出光束在快轴方向的远场发散角(约 $40°\sim60°$)远大于慢轴方向(约 $15°\sim20°$)，直接注入激光介质不利于获得高耦合效率，必须通过整形透镜压缩快轴方向发散角，之后通过聚焦透镜汇聚在增益介质上。二极管泵浦固体激光器的泵浦方式主要有端面泵浦和侧面泵浦两种，本实验采用端面泵浦方式，如图 17.1 所示。它采用光纤微透镜压缩快轴发散角，利用两片平凸透镜组合实现光束聚焦，从而将泵浦光耦合进入增益介质(Nd:YAG)中。

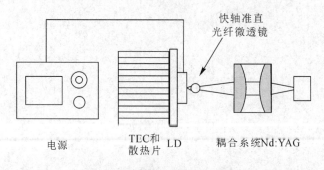

图 17.1　端面泵浦方式示意图

图 17.2 是二极管端面泵浦固体激光器的谐振腔结构图，采用常用的平凹腔结构。激光晶体的泵浦端面镀有对泵浦光增透、振荡光全反的双层膜，用作平凹腔的平面全反射镜，把对振荡光具有一定透过率的镀膜凹面镜作为输出镜。这种平凹腔容易形成稳定的激光振荡，同时具有高的光光转换效率，但在设计时必须考虑到泵浦光与振荡光的耦合问题。

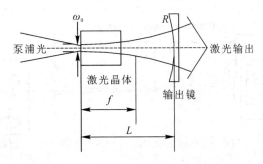

图 17.2　二极管端面泵浦固体激光器的谐振腔示意图

如图 17.2 所示，平凹腔的 g 参数表示为

$$g_1 = 1 - \frac{L}{R_1} = 1,\ g_2 = 1 - \frac{L}{R_2} \tag{17-1}$$

根据谐振腔的稳定条件可知，当 $0 < g_1 g_2 < 1$ 时，谐振腔为稳定腔。故对于平凹腔，当 $L < R_2$ 时为稳定腔，其束腰位置在晶体的输入平面上，可以表示为

$$\omega_0 = \sqrt{\frac{[L(R_2 - L)]^{\frac{1}{2}}\lambda}{\pi}} \tag{17-2}$$

本实验中，平面镜曲率半径 $R_1 = \infty$，凹面镜曲率半径 $R_2 = 200\ \text{mm}$，谐振腔腔长 $L = 80\ \text{mm}$，波长 $\lambda = 1.064\ \mu\text{m}$ 由此可以算出 ω_0 的大小。泵浦光在激光晶体泵浦端面上的光斑半径应该小于等于 ω_0，这样可使泵浦光与基模振荡模式匹配，容易获得基模输出。

2. 倍频技术简介

当光波与非磁性透明电介质相互作用时，光波电场会导致电介质发生极化现象。当激光产生后，由于激光电场较强，由此产生的介质极化已不再与场强呈线性关系，而是明显地表现出二次及更高次的非线性效应。倍频现象就是二次非线性效应的一种特例。本实验中的倍频就是通过倍频晶体实现将 Nd∶YAG 输出的 1064 nm 红外激光倍频成 532 nm 绿光。常用的倍频晶体有 KTP、KDP、LBO、BBO 和 LN 等。其中，KTP 晶体在 1064 nm 附近有较高的有效非线性系数，导热性良好，非常适合用于 YAG 激光的倍频。

倍频技术通常有腔内倍频和腔外倍频两种。腔内倍频是指将倍频晶体放置在激光谐振腔之内，由于腔内具有较高的光功率密度，可以获得很高的倍频转换效率，适合于连续运转的固体激光器。腔外倍频方式指将倍频晶体放置在激光谐振腔之外的倍频技术，较适合于脉冲运转的固体激光器。

三、实验仪器

本实验所用仪器包括：泵浦激光器电源、泵浦源 LD、耦合透镜、激光晶体、倍频晶体、激光功率计以及参考光源。

四、实验内容及步骤

实验装置图如图 17.3、图 17.4 所示。

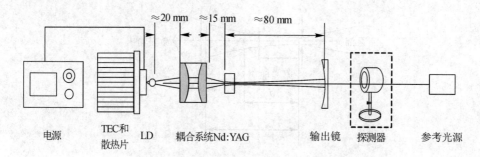

图 17.3　二极管泵浦固体激光器实验装置图

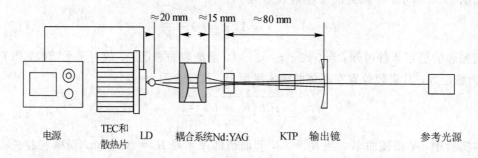

图 17.4　倍频实验装置图

1. 泵浦源 LD 阈值电流及 I-P 特性测量

(1) 将 LD 与温控电源接通，打开 LD 上的工作开关，打开电源开关。

(2) 通过红外显示卡观察 LD 出射光近场和远场的光斑。用功率计测量经过耦合系统后的 LD 激光的功率。

(3) 将电流值调到最小，缓慢调节电流旋钮，并观察激光功率计示数。当功率计示数有变化时，记录此时的电流值，此值即为 LD 激光器的阈值电流。

(4) 继续增加 LD 的工作电流，从小到大以 0.2 A 为间隔测量一组固体激光器输出功率。绘制 LD 激光器的 I-P 曲线图。

2. 最佳腔长选取

(1) 将参考光源安装在导轨上，将其调整成光束水平出射，并且水平入射在 LD 中心位置。

(2) 插入耦合系统，调节耦合系统调整架旋钮，微调耦合系统的倾斜角和俯仰角，使耦合系统的反射光打到耦合镜通光口中心，并使得反射光回到准直激光器出光口。

(3) 插入激光晶体，通过调整架旋钮微调激光晶体的倾斜角和俯仰角，重复上一步的调节步骤。

注意：正确安装激光晶体方向，晶体反射面应朝向耦合镜放置。如晶体装反，则无激光输出。

（4）在参考光源前安装输出镜，调整旋钮，使输出镜的反射光点反射到准直激光器出光口。

（5）利用光功率计测量该系统产生的激光光强，调整腔长，在光功率计数值最大时，记录最佳腔长。

3. 二极管泵浦固体激光器转换效率测量

（1）调整泵浦源 LD 工作电流至 1.2 A，然后使用功率计检测激光功率。

（2）微调激光晶体、耦合系统，使激光输出达到最大值；将 LD 电流调到最小，然后逐渐增大 LD 电流，从激光阈值电流开始，每格 0.2 A 测量一组固体激光器输出功率。

（3）结合 LD 的 I-P 曲线，绘出输出功率—泵浦功率曲线，并计算转换效率，比较结果。

4. 激光倍频实验

（1）打开 LD 电源，取工作电流 1.7 A，将红外显示卡置于参考光源前端，微调输出镜倾斜角和俯仰角使红外显示卡上显示光斑，然后微调激光晶体、耦合系统，使激光输出达到最大值。

（2）安装 KTP 晶体，将其放置在参考光源前，微调调整架，使其反射光点在参考光源中心，然后将其放入谐振腔内，倍频晶体尽量靠近激光晶体。调节调整架，使得输出绿光功率最亮。

五、数据处理

（1）将 LD 的 I-P 测试结果记入表 17.1 中。

表 17.1　LD 的 I-P 测试结果

I/A	0.6	0.8	1.0	1.2	1.4	1.6	1.8	2.0	2.2	2.4
P/mW										

（2）选取最佳腔长。

（3）将 LD 的 I-P 测试数据记入表 17.2 中。

表 17.2　输出激光功率 I-P 测试数据

I/A	0.6	0.8	1.0	1.2	1.4	1.6	1.8	2.0	2.2	2.4
P/mW										

（4）计算转换效率。

六、思考与讨论

（1）简述产生激光的条件。

（2）分析影响实验结果的因素。

七、参考文献

［1］安毓英，刘继芳，曹长庆. 激光原理与技术，北京：科学出版社，2010.

［2］周炳琨，高以智，等. 激光原理，北京：国防工业出版社，2014.

［3］夏珉. 激光原理与技术. 北京：科学出版社，2016.

实验十八 CCD 测谱参数

激光照射细丝、狭缝等微小物体时，会产生明显的衍射图样，通过测量衍射谱，可以获得微小物体的特征尺寸。利用 CCD(电荷耦合器件) 作为图像传感器采集激光衍射谱的数字图像，输入计算机，并通过数字图像处理、分析，可以实现细丝、狭缝、圆孔等微小物体尺寸的快速测量，具有十分重要的应用价值。

一、实验目的

(1) 通过薄透镜的傅里叶变换实验，深入理解二维图像频谱的物理意义。

(2) 掌握光学傅里叶谱方法测微小尺寸的基本原理，利用 CCD 测量细丝、狭缝等物体的激光衍射谱参数，并进行数据处理。

(3) 学习以光具座为系统的光路设计、搭建和调节技能。

(4) 拓展研究空间滤波的原理及其在光信息处理中的应用。

二、实验原理

1. 薄透镜的傅里叶变换性质

1）傅里叶变换的定义

用 x、y 表示薄透镜前焦平面的横坐标，p、q 表示后焦平面的横坐标，如图 18.1 所示。

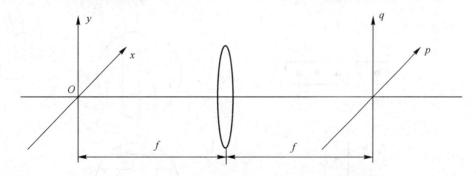

图 18.1 薄透镜傅氏变换性质的空间关系示意图

若在前焦平面放置透过率为 $t(x, y)$ 的图片，并用平行激光束垂直照射，则在透镜的后焦平面上可得光场分布 $T(\mu, \nu)$，它满足：

$$T(\mu, \nu) = c \iint t(x, y) \exp[-\mathrm{j}2\pi(\mu x + \nu y)] \mathrm{d}x\mathrm{d}y \qquad (18-1)$$

在高斯光学的有效范围内，$T(\mu, \nu)$ 就是 $t(x, y)$ 的傅里叶频谱，μ、ν 分别称为 $t(x, y)$

在 x 和 y 方向的空间频率，它们与透镜后焦平面 p、q 有如下关系：

$$\begin{cases} \mu = \dfrac{p}{\lambda f} \\[2mm] \nu = \dfrac{q}{\lambda f} \end{cases}$$

(18 - 2)

式中，λ 是入射激光波长；f 是薄透镜的焦距。

2）阿贝—波特实验

阿贝—波特实验结果可以清楚地显示图像与它的谱之间的关系。实验光路如图 18.2 所示。

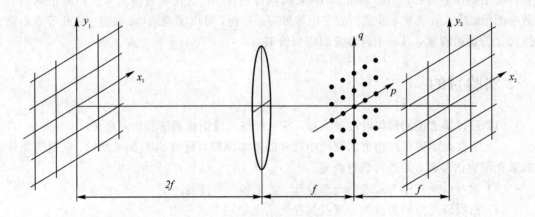

图 18.2　阿贝—波特实验光路图

用相干光照明一张网格（物），得出复现网格的像。如果把各种滤波器（如光圈、狭缝或栏）放在透镜的后焦面上，就能以各种方式改变像的谱。把水平的狭缝放在后焦面上，则在像面上得到只有平行于 y_2 结构的像。当狭缝旋转 90°时，像只含有水平结构，如图 18.3 所示。

后焦面　　　　　　　　　　　　　　像面

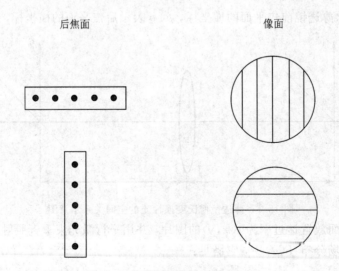

图 18.3　谱与像的对应关系

2. 光学傅里叶测微原理

1) 单缝的傅里叶谱(夫琅和费衍射图)测微法

把单缝置于薄透镜的前焦面上，就会在后焦面上得到单缝的谱图，其强度可表示为

$$I = I_0 \frac{\sin^2 \beta}{\beta^2} \tag{18-3}$$

如图 18.4 所示。其中，

$$\beta = \frac{1}{2} Ka \sin\theta \tag{18-4}$$

$K = 2\pi/\lambda$，λ 是入射光波长；a 是缝宽，θ 是衍射角。

当 $\beta = 0$ 时，$I = I_0$ 是单缝的衍射主极大光强；当 $\beta = n\pi$ 时(n 取非零整数)，$I = 0$。在近似条件下：

$$\sin\theta \approx \frac{P_n}{f}, \quad a = \frac{nf\lambda}{P_n} \tag{18-5}$$

式中，P_n 是单缝谱图第 n 个暗条纹的坐标 P_n。由式(18-5)可知，在测得单缝谱图的 n 阶零点的坐标 P_n 后，就可求出缝宽 a。

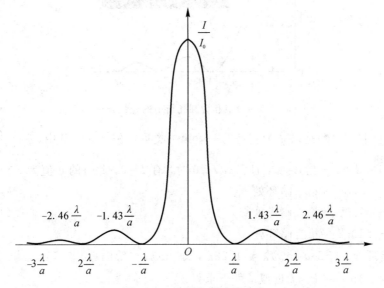

图 18.4　单缝衍射光强分布

利用单缝的傅里叶谱可测量缝宽外，还可以利用它测量微小物体。这依据的是光衍射的巴比涅(Babinet)定理。此定理告诉我们，直径为 a 的细丝与缝宽为 a 的狭缝作为衍射屏是互补的，它们有共同的傅里叶谱图。因此，从微小物谱图测出第 n 个亮条纹坐标 P_n，利用式(18-5)可求出直径 a，称此法为互补测定法。

更为方便的方法是用测量：

$$\frac{P_n}{n} = t \tag{18-6}$$

代替测量 P_n，t 是衍射条纹的间隔，把式(18-6)代入式(18-5)可得

$$a = \frac{f\lambda}{t} \tag{18-7}$$

由式(18-7)可知只要测出两暗纹的间隔 t 即可求出 a 的值，t 既可以是两暗纹的间隔，也可以是两亮纹的间隔。由图 18.4 可以看出，单缝衍射的亮条纹位置并不是等间隔的，一般来说，n 越大亮条纹的极大值位置与等间隔位置的差越小。如 $n=4$ 时，用等间隔位置 4.5λ 代替精确位置 4.48λ，误差是很小的。

2）圆孔的傅里叶谱（夫琅和费衍射）图测微法

把半径为 a 的圆孔的屏置于透镜的前焦平面上时，在后焦平面上得到圆孔傅里叶谱强度分布为

$$I = I_0 \left[\frac{2J_1(\psi)}{\psi} \right]^2 \tag{18-8}$$

如图 18.5 所示。

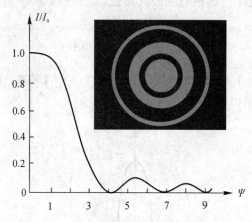

图 18.5　夫琅和费圆孔衍射的光强分布

式(18-8)中，$J_1(\psi)$ 是以 ψ 为变量的一阶第一类贝塞尔函数。其中，$\psi = \frac{2\pi}{\lambda} a \sin\theta$。

当 $\psi=0$ 时，$I=I_0$；当 $\psi\neq0$，且 $J_1(\psi)=0$ 时，有 $I=0$，此时的 ψ 值为

$\psi=1.22\pi=3.84$　　第一暗环处

$\psi=2.33\pi=7.00$　　第二暗环处

$\psi=3.24\pi=10.2$　　第三暗环处

在第一暗环处，有 $2\pi a\sin\theta_0/\lambda = 1.22\pi$，即 $\sin\theta_0 = 0.61\lambda/a$。

在 $\sin\theta_0 \approx \tan\theta_0 = P_0/f$ 近似条件下求得

$$a = \frac{0.61\lambda f}{P_0} \tag{18-9}$$

其中，P_0 是半径为 a 的圆孔傅里叶谱第一暗环半径。在第一暗环内的光斑常称为爱里(Airy)光斑，P_0 也常称为爱里斑半径。

由上述可知，只要测得圆孔谱图第一暗环半径 P_0，利用式(18-9)可以计算孔径半径 a。

根据巴比涅原理，易于理解半径为 a 的圆盘与同一半径圆孔屏为互补屏，它们的傅里叶谱图相同，因此可以用相同方法测出圆盘的半径。

3）光栅周期的傅里叶谱测量法

由物理光学可知，光栅的谱强度公式可表示为

$$I = I_0 \; \text{sinc}^2 \beta \left[\frac{\sin N \dfrac{\delta}{2}}{\sin \dfrac{\delta}{2}} \right]^2 \qquad (18-10)$$

可以看作干涉条纹强度 $\left[\dfrac{\sin(N\delta/2)}{\sin(\delta/2)} \right]^2$ 受单缝衍射调制的结果。式(18-10)中：

$$\begin{cases} \beta = \dfrac{K}{2} a \sin\theta \\[2mm] \delta = Kd \sin\theta \end{cases} \qquad (18-11)$$

其中，a 是光栅每缝的宽度；d 是光栅常数。由 $Kd \sin\theta_m = 2m\pi$ 得

$$d \sin\theta_m = m\lambda \qquad (18-12)$$

由该方程可以计算零级衍射主极大值强度，为

$$I = I_0 \; \text{sinc}^2 \beta \qquad (18-13)$$

在 $\sin\theta_m \approx \tan\theta_m = \dfrac{P_m}{f}$ 的近似条件下，可得 $\dfrac{\mathrm{d}P_m}{f} = m\lambda$，即 $d = \dfrac{mf\lambda}{P_m}$。因此，只要测得了 m 级衍射主极大值光强的坐标，即可求出光栅常数。

3. CCD 测量谱参数及数据处理原理

在光学傅里叶变换测微原理中，对单缝、细丝、小孔或圆盘、光栅空间量的测量，都是通过对其功率谱光强分布的测量来实现的。其中对单缝、细丝、小孔或圆盘是测量光强分布中的两级以上暗节点的间隔或暗环间隔；而对光栅常数则是测量光强分布中的两级极大值间隔。这些测量结果代入式(18-2)中，可求出其空间量。目前，用光学成像器件 CCD 接收功率谱光强信息是实现对上述被测物体动态测量最常用的方法。

图 18.6 是 CCD 微机谱参数测量光路图，CCD 的受光面与光轴垂直，感光面位于傅里叶变换透镜的后焦面，当 CCD 接收到功率谱光强分布信号时，将光强的空间分布迅速转化为随时间分布的电强度信号；这一随时间变化的电强度信号通过 A/D 转化，由计算机对其信息进行处理，计算机就可以显示出被测物体的尺寸。

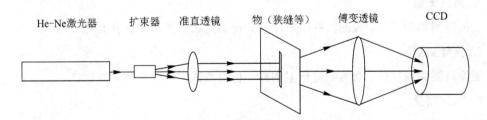

图 18.6　CCD 微机谱参数测量光路图

在本实验中，计算机将其功率谱的强度变化通过显示器显现出来，在显示器上设计有两个标尺；每一个标尺均可通过计算机键盘移动寻找光强分布的两个极大或极小值，当两个标尺固定在两个相邻的极大值或极小值时，显示屏将显示被测物体有关尺寸。关于具体的键盘操作视软件的设计而定，在显示菜单上应有提示。

三、实验仪器

本实验所用仪器包括：He‐Ne 激光器及电源、傅里叶变换透镜、光具座、标准光栅、样品、扩束及准直器、CCD 相机、计算机等。

四、实验内容及步骤

本实验仪器装置图如图 18.7 所示。

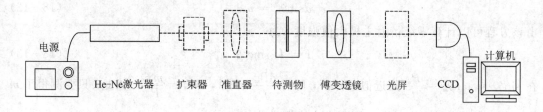

图 18.7　实验仪器装置图

1. 标准光栅常数的测量

在光具座上按图 18.7 所示放置好所需装置，启动激光电源，仔细调节扩束器和准直透镜位置，并用光屏观察扩束效果，调整至最佳状态；被测物支架置于傅氏变换透镜前焦面处，并将标准光栅加载至被测物支架上；将 CCD 的感光面与光轴垂直，并安装在傅里叶变换透镜的后焦面上，正确连接引线；仔细调节光路，使光束进入 CCD 的感光面中心，功率谱进入 CCD 的感光面；启动计算机，进入 Windows XP 系统，运行实验测量软件，在提示下进行实验；精确调节 CCD 的感光面的位置，使测量的标准光栅常数与标定的光栅常数一致。

注意：当 CCD 相机配有镜头时，可将光屏放置在傅氏变换透镜后焦面上，接收功率谱，用 CCD 相机对光屏成像。

2. 圆孔测量

更换待测物为圆孔，观测圆孔衍射图样，利用测试软件测量圆孔直径。

3. 狭缝测量

更换待测物为狭缝，观测狭缝衍射图样，利用测试软件测量狭缝宽度。

4. 细丝测量

更换待测物为细丝，观测细丝衍射图样，利用测试软件测量细丝直径。在测量细丝衍射图样时，可以不使用扩束和准直器，以提高衍射谱图像对比度。

五、数据处理

按照表 18.1 格式记录实验数据，试简要分析误差。

表 18.1　实验数据表

样品		测量值	误差分析
光栅			
圆孔	1		
	2		
	3		
单缝			
细丝	1		
	2		
	3		
备注			

六、思考与讨论

（1）什么叫光的衍射现象？夫琅和费衍射、菲涅尔衍射应符合什么条件？

（2）简述单缝衍射和细丝衍射光强分布的特点。

（3）本实验中采用了激光衍射测径法测量细丝的直径，它与普通物理实验中的其它测量细丝直径的方法相比较有何优点？试举例说明。

七、参考文献

［1］周炳琨，高以智，陈倜嵘，等. 激光原理. 北京：国防工业出版社，2000.

［2］石顺祥. 物理光学与应用光学. 西安：西安电子科技大学出版社，2014.

实验十九　光纤通信综合实验

光纤通信就是利用光波作为载波来传送信息，而以光纤作为传输介质实现信息传输，达到通信目的的一种新通信技术。光纤通信是现代通信网的主要传输手段。光纤通信与以往的电气通信相比，具有很多优点：传输频带宽，通信容量大；传输损耗低，中继距离长；线径细、重量轻，原料为石英，节省金属材料，有利于资源的合理使用；绝缘，抗电磁干扰性能强；抗腐蚀能力强，抗辐射能力强，可绕性好，无电火花，泄露小，保密性强等，可在特殊环境或军事上使用。

一、实验目的

（1）理解光纤通信的光学原理，认识光纤结构及分类，了解与光纤相关的其它元器件。

（2）学习光纤损耗特性的相关概念及测量方法。

（3）掌握波分复用器（WDM）的基本概念及特性；了解光分插复用通信系统的结构与工作原理。

（4）学会搭建基本视频通信实验系统，拓展研究简单波分复用通信系统的设计过程。

二、实验原理

光在光纤内是以不断反射的方式由一端传递到另一端的。由于光纤本身的反射率大于光纤外围材料的反射率，因此射入光纤的光线必须以一定的入射角进入才能在光纤中传递。光纤的传输形式是光脉冲，借由玻璃纤维来导引，可免受电磁干扰。

利用光纤实现通信的原理是：在发送端把要传送的信息（如语音）变成电信号，然后调制到激光器发出的激光束上，使光的强度随电信号的幅度（频率）变化而变化，并通过光纤发送出去。在接收端，检测器收到光信号后把它再变换成电信号，经解调后恢复出原来的信息。其中，光纤作为传输介质发挥了重要作用。

1. 光纤的结构和类型

光纤的结构如图 19.1 所示，它由纤芯、包层、涂敷层和塑料外皮层几部分组成。纤芯的成分为高纯度的二氧化硅（SiO_2，熔融石英）掺杂少量的其它介质。通过掺杂的不同可以控制纤芯的折射率，进而影响在其中传播的光波的传播参数。纤芯外面是另外一层二氧化硅，它具有不同的掺杂，因此具有不同的折射率，通常稍低于纤芯的折射率，称为"包层"。涂敷层及塑料外皮层的主要作用是吸收光纤弯曲或长度造成的机械应力，保护光纤免受物理损伤。

光纤的种类很多，主要可以从工作波长、折射率分布、传输模式、原材料和制造方法

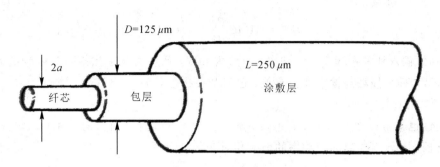

图 19.1　光纤的结构

上进行分类。例如，按照工作波长可分为紫外光纤、可见光纤、近红外光纤和红外光纤；按照传输模式可分为单模光纤和多模光纤。

光纤器件包括光纤有源器件和无源器件。光纤有源器件包括激光器、光电探测器、光电放大器等，它们在光路中提供能量和能量的放大；光纤无源器件包括光纤连接器、光纤耦合器、波分复用器、光开关、衰减器、隔离器和光环形器等。本实验中主要介绍光纤耦合器和衰减器。光纤耦合器又称分歧器、连接器、适配器、法兰盘，是用于实现光信号分路/合路，或用于延长光纤链路的元件，在电信网路、有线电视网路、用户回路系统、区域网路中都会应用到。光纤衰减器作为一种光无源器件，用于光通信系统当中的光功率性能调试、光纤仪表的定标校正调试，光纤信号衰减。产品使用掺有金属离子的衰减光纤制造而成，能把光功率调整到所需要的水平。

2. 点对点图像传输系统

图 19.2 所示为利用光纤实现点对点图像传输的原理示意图。其中 TX 表示发射信号，RX 表示接收信号。1310TX/1550RX 模块和 1550TX/1310RX 模块的作用如下：

1310TX/1550RX 模块 ：一条光信通路；发射 1310 nm 光信号和接收 1550 nm 光信号；发射和接收在一条光路上同时进行。

1550TX/1310RX 模块：一条光信通路；发射 1550 nm 光信号和接收 1310 nm 光信号；发射和接收在一条光路上同时进行。

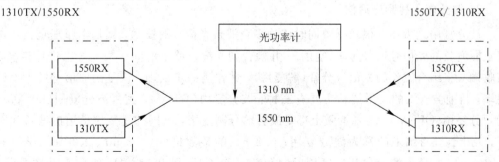

图 19.2　点对点图像传输系统示意图

光信号在光纤中传输时会存在一定的损耗，以下为描述光纤传输特性及损耗特性的部分参数。

1) 插入损耗(IL)

插入损耗定义为指定输出端口的光功率相对输入光功率的减少值，单位为 dB。

$$IL = -10\lg\frac{P_{\text{OUT}}}{P_{\text{IN}}} \quad (\text{dB}) \tag{19-1}$$

其中，P_{IN} 为输入到输入端口的光功率，单位为 mW；P_{OUT} 为从输出端口接收到的光功率，单位为 mW。插入损耗与输入波长有关，也与开关状态有关。

2）均匀性（Uniformity）

均匀性也常常称之为分光比容差，一般是针对光纤耦合器而言的。对于均匀分光的多端口耦合器，各输出端口的光功率的最大相对变化量为

$$\Delta L = \max\left|10\lg\left(\frac{\bar{P}_{ij}}{P_{ij}}\right)\right| \tag{19-2}$$

3）方向性（Directivity）

方向性是衡量器件定向传输特性的参数，也常常称之为近端串扰（near-end crosstalk）或者近端隔离度，对于一个有多个输入端的器件，若其中某个端口 i 的输入功率为 P_i，在其它输入端口中反射回来的光功率为 P_j，那么方向性的定义是：

$$D = -10\lg\left(\frac{P_j}{P_i}\right) \tag{19-3}$$

4）隔离度（Isolation）

对于波分复用器来说，隔离度又叫远端串扰，表征某一个光信号通过分波器后在不期望的波长端口输出的光功率量，单位为 dB。

对隔离器来说，隔离度定义为隔离器反向输入光信号时，输出光功率与输入光功率的比值。也有的资料上把隔离器的隔离度定义为正向和反向输入同样的光功率情况下，输出功率的比值。这两种定义相比，相差一个插入损耗，通常使用前面的定义。

光纤传输损耗主要是由材料吸收及散射引起的。瑞利散射是光纤传输损耗的另一主要来源，它是由纤芯中小于入射光波长的杂质粒子或密度的非均匀性引起的。可以用插入法测量光纤损耗。所谓插入法，是指测量短光纤输出后，用光纤连接器将短光纤与待测长光纤连接起来，再测量长光纤的输出。

3. 波分复用视频光通信

波分复用是指在一根光纤中同时传输多个波长光信号的技术，其基本原理是在发送端将不同波长的光信号组合起来（复用），并耦合到光缆线路上的同一根光纤中进行传输，在接收端又将组合波长的光信号分开（解复用），并作进一步处理，恢复出原信号送入不同的终端。目前波长域的复用技术主要有三种：波分复用（WDM）、密集波分复用（DWDM）和光频分复用（OFDM）。三者本质上都是波长的分割复用，不同的是复用信道的波长间隔不同，几十到几百纳米的称为波分复用；0.8 nm 的整数倍的（0.8 nm、1.6 nm、2.4 nm、3.2 nm）称为密集波分复用；复用间隔仅为几个 GHz 至几十 GHz 的称为光频分复用。WDM 技术对网络升级、发展宽带业务、充分利用光纤的低损耗波段增加光纤的传输容量、实现超高速光纤通信和全光通信等方面具有十分重要的意义。

波分复用器（WDM）的工作原理来源于物理光学，如利用介质薄膜的干涉滤光作用、利用棱镜和光栅的色散分光作用、利用熔融拉锥的耦合模理论等。波分复用器的特性参数主要有以下几个。

1）中心波长（或通带）λ_1、λ_2、…、λ_{n+1}

中心波长是由设计、制造者根据相应的国际、国家标准或实际应用要求选定的。例如对于密集型波分复用器 ITU-T，规定在 1550 nm 区域，1552.52 nm 为标准波长。其它波长规定间隔 100G（0.8 nm），或取其整数倍作复用波长。

2）中心波长工作范围 $\Delta\lambda_1$、$\Delta\lambda_2$

对于每一个工作通道，器件必须给出一个适应于光源谱宽的范围。该参数限定了我们所选用的光源（LED 或 LD）的谱宽宽度及中心波长位置。

3）中心波长对应的最小插入损耗 L_1、L_2

该参数是衡量解复用器的一项重要指标，设计、制作者及使用者都希望此值越小越好。此值以小于"X"dB 表示。

4）相邻信道之间隔离度（串扰）ISO_{12}、ISO_{23}

如果以不同端口作为输入端口，则其插入损耗最小值分布在端口所对应的中心波长附近。以 N 个端口作为输入端时，每一端口各种光学参数的规定、测量与解复用器相同。

此外，还有插入损耗、附加损耗、偏振相关损耗、回波损耗等参数。下面主要介绍一下隔离度（串扰）的测试。

隔离度（串扰）是度量信道之间相互干扰的参数，当 WDM 用作分波时，每个输出端口对应一个特定的标称波长 $\lambda_j(j=1,2,3,\cdots,)$ 从第 i 路输出端口测得的该标称信号的功率 $P_i(\lambda_i)$ 与第 j 路输出端口测得的串扰信号 $\lambda_i(i\neq j)$ 的功率 $P_j(\lambda_i)$ 之间的比值，定义为第 j 路对第 i 路的隔离度；从第 j 路输出端口测得的串扰信号 $\lambda_i(i\neq j)$ 的功率 $P_j(\lambda_i)$ 与第 i 路输出端口测得的该路标称信号的功率 $P_i(\lambda_i)$ 的比值定义为第 i 路对第 j 路的串扰。

总之隔离度和串扰是一对相关的参数，A 通道对 B 通道的隔离度与 B 通道对 A 通道的串扰用 dB 表示时绝对值相等，符号相反。在本实验中，我们测量 13/15WDM 的隔离度和串扰，测试方案如图 19.3 所示。

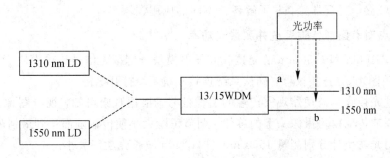

图 19.3　13/15WDM 的隔离度和串扰的测试示意图

测量方法：在 WDM 的输入端分别输入 1310 nm 和 1550 nm 的光，使用光功率器测量 WDM 输出端的功率 P_1 和 P_2（单位为 dBm），如图 19.3 所示。当输入 1310 nm 波长的光时，1550 端对 1310 端的信道隔离度为 P_1-P_2；当输入 1550 nm 波长的光时，1310 nm 端对 1550 端的信道隔离度为 P_2-P_1。信道之间的串扰为其对应隔离度取相反数。

本实验选用的波分复用/解复用器是熔融拉锥型的 13/15 的 WDM，它的核心原理是耦合模理论，工作波长分别是 1310 nm/1550 nm，对应着目前光纤的两个低损耗窗口，是最简单的波分复用系统中使用的基本器件。

1310 nm/1550 nm 波分复用通信系统设计原理图如图 19.4 所示。其中 1310TX/1310RX 模块共有两条光信通路,其作用是:发射 1310 nm 光信号和接收 1310 nm 光信号。

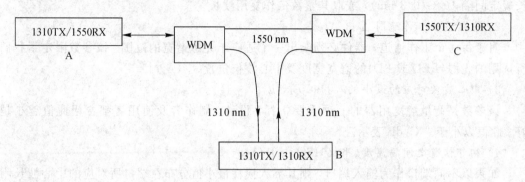

图 19.4 1310nm/1550nm 波分复用通信系统原理图

三、实验仪器

本实验所用仪器包括:信号传输模块及电源(3 个)、光接收和发射模块(1550 nmTX/1310 nmRX、1310 nmTX/1550 nmRX、1310 nmTX/1310 nmRX)、1310/1550WDM(2 个)、光功率计、FC/LC 光纤跳线(若干根)、FC/FC 单模法兰(3 个)、接口适配器。

四、实验内容及步骤

1. 熟悉器件

打开光纤展示箱,观察并熟悉其中的器件,包括单模光纤、多模光纤、光纤耦合器、光纤衰减器、FC 接口适配器等,并了解各自不同的应用领域。

2. 搭建点对点图像传输系统并测量光功率

(1)将 1310 nm 和 1550 nm 的光接收和发射模块分别接入信号传输模块,使用 LC/LC 光纤跳线按照图 19.2 连接仪器,确认系统连接正确后,打开电源。

(2)通过光接收端监视器观察传输的图像信号。根据观察可知,视频图像成功进行了交换传输,调节传输模块摄像头上的旋钮,调节焦距大小使传输画面达到最清晰。

(3)使用光功率计分别测量 1550 nm、1310 nm 波长光功率大小。

3. 搭建波分复用通信系统并测量光纤损耗

(1)将 1310 nm 和 1550 nm 的光接收和发射模块分别接入信号传输模块,使用 FC/LC 光纤跳线以及 WDM 按照图 19.4 连接仪器,确认系统连接正确后,打开电源。通过光接收端监视器观察传输的图像信号。实验结果观察到三个信号传输模块时可以实现部分相互通信。

(2)使用光功率计分别测量 1550 nm、1310 nm 波长光功率大小。根据插入损耗定义测量并计算 WMD 器件端口插损的大小。

（3）使用光功率计测量 1310 nm 和 1550 nm 波长光功率大小，根据隔离度（串扰）的定义，测量和计算信道之间的隔离度和串扰。

五、数据处理

（1）测量点对点图像传输系统 1550 nm、1310 nm 波长光功率大小。

（2）在 WDM 的输入端分别输入 1310 nm 和 1550 nm 的光，使用光功率器测量 WDM 输出端的功率 P_1 和 P_2（单位为 dB），计算信道之间的隔离度和串扰。

六、思考与讨论

如何利用信号传输模块及电源（3 个）、光接收和发射模块（1550 nmTX/1310 nmRX、1310 nmTX/1550 nmRX、1310 nmTX/1310 nmRX）、OADM、功率计搭建光分插复用视频光通信系统。

提示：搭建的系统如图 19.5 所示。

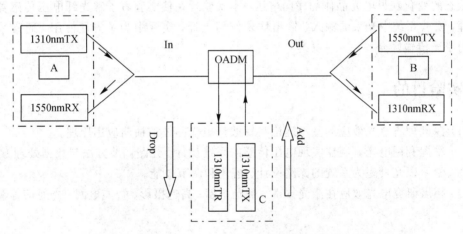

图 19.5　1310nm/1550nm 双波长光分插复用通信系统

七、参考文献

［1］刘德森，饶于江. 光纤技术. 北京：科学出版社，2006.

［2］沈建华. 光纤通信系统. 3 版. 北京：机械工业出版社，2014.

［3］原荣. 光纤通信技术. 北京：机械工业出版社，2011.

［4］视频传输光网络综合实验装置使用说明书. 北京杏林睿光科技有限公司.

实验二十　电压传感实验

光纤电压传感器的研究始于 20 世纪 70 年代，在多年的发展中，人们提出了关于光纤电压传感器的多种模型及其理论。根据传感原理，主要有传光型无源光纤电压传感器、有源光纤电压传感器、全光纤电压传感器、集成光学普克尔(Pockels)元件高压光纤电压传感器、基于电致伸缩原理的光纤电压传感器以及其它效应的光纤电压传感器六类。光纤电压传感器主要应用在电力系统中，所涉及的范围十分广泛：高电压的测量、电力系统的继电保护、空间电场测量、高频电压及高速脉冲电压的测量、高压开关真空度的测量、直流电压的测量和气体绝缘开关中的电压测量等。

本实验系统采用铌酸锂电光调制器作为核心器件，通过检测线偏振光经过电光调制器后偏振态的变化获得电光晶体的横向电压。本实验旨在使实验者了解光纤电压传感器的工作原理，实验系统中光束的输入、输出均未使用光纤，实际中为了方便使用，通常采用光纤作为激光传输媒介。

一、实验目的

(1) 深刻理解电光效应的基本理论与铌酸锂电光晶体的横向应用原理。

(2) 掌握利用电光调制器实现电压传感的系统设计、光路调节方法与数据处理方法。

(3) 学习以光具座为系统的光路设计、搭建和调节技能。

(4) 拓展研究电光效应在激光技术、激光调制、高速摄影、智能电网、光通信等领域的应用。

二、实验原理

1. 光的偏振

从波动光学的观点看，光波是横模，即光矢量的振动方向和光束的传播方向是垂直的。因此要完整描述任一点、任一时刻的光波，不仅要考虑它的大小，还要考虑它的方向，然而研究表明，在光的干涉、衍射等许多现象中，常常不考虑光矢量的方向性，而用一个标量表示光振动，光矢量性质最直观的表现就是光的偏振(polarization of light)现象。

光的偏振现象最早于 1808 年由马吕斯在实验中发现。光波电矢量振动的空间分布对于光的传播方向失去对称性的现象叫作光的偏振。只有横波才能产生偏振现象，它是横波区别于其它纵波的一个最明显的标志，光的偏振是光的波动性的又一例证。在垂直于传播方向的平面内，包含一切可能方向的横振动，且任一方向上具有相同的振幅，这种横振动对称于传播方向的光称为自然光(非偏振光)。凡其振动失去这种对称性的光统称偏振光。

根据光波传播过程中电矢量矢端轨迹的不同，又可将偏振光分为线偏振光、椭圆偏振光和圆偏振光。圆偏振光可看作是椭圆偏振光的特例。

图 20.1、图 20.2 所示为自然光和部分偏振光的光强度在各个光矢量方向的变化情况。

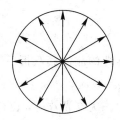 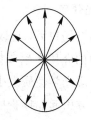

图 20.1　自然光　　　　　　图 20.2　部分偏振光

我们把部分偏振光对应振动占优势的垂直方向的强度记作 $I_{\max}$，对应的最弱的光强记作 $I_{\min}$。则定义偏振度为

$$P = \frac{I_{\max} - I_{\min}}{I_{\max} + I_{\min}} \qquad\qquad (20-1)$$

由上式可知，自然光偏振度为 0，线偏振光偏振度为 1，部分偏振光的偏振度为大于 0 小于 1。

能够产生线偏振光的光学元件叫作偏振器。根据偏振器的工作原理不同，可以分为双折射型、反射型、吸收型和散射型，后三种偏振器因存在消光比差、抗损伤能力低、有选择性的吸收等缺点，应用受到限制。在光电子技术中，广泛的采用双折射型偏振器。

对于各项异性晶体，本身就是一个偏振器，从晶体中射出的两束光都是线偏振光。但是，由于这两束光通常靠的很近，不便于分离应用，所以，实际的双折射偏振器，或者是利用两束偏振光折射的差别，使其中一束在偏振器内发生全反射（或散射），而让另一束光顺利通过；或者利用某些各向异性的二向色性，吸收掉一束线偏振光，而使得另一束线偏振光顺利通过。

实验室常用的产生线偏振光的器件包括偏振片、偏振分光棱镜（PBS）等。偏振片通常放置在偏振片镜架中，偏振片镜架可以旋转，从而可以控制透过的线偏振光的偏振方向，可以依据偏振片镜架上的偏振方向与角度标识，通过旋转偏振片获得特定偏振方向的线偏振光。偏振分光棱镜由一对高精度直角棱镜胶合而成，其中一个棱镜的斜边上镀有偏振分光介质膜。偏振分光棱镜能把入射的非偏振光分成两束垂直的线偏振光，其中平行偏振光（P 光）完全通过，而垂直偏振光（S 光）以 45°角被反射，出射方向与 P 光成 90°角，如图20.3所示。

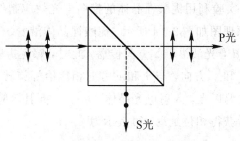

图 20.3　偏振分光棱镜光路原理图

另外，线偏振光经过晶片后，偏振态可能发生变化，例如可能变为圆偏振光和椭圆偏振光。由此，可以制成半波片、1/4 波片等。其中，半波片用于改变线偏振光的偏振方向，1/4 波片用于将线偏振光变为圆偏振光。

2. 晶体的电光效应

加到介质上的电场较大，足以将原子内场（$E_内 \approx 3 \times 10^8 \text{ V/cm}^3$）扰乱到有效程度，从而使本来是各向同性的介质产生双折射，本来是各向异性的晶体其双折射特性发生变化。这种因外加电场使介质光学性质发生变化的效应，叫电光效应。

由电场的一次引起晶体折射率变化的效应称为一次电光效应，也称线性电光效应或普克尔（Pokells）效应；由电场的二次方引起晶体折射率变化的效应，称为二次电光效应，也称平方电光效应或克尔（Kerr）效应。一次电光效应只存在于不具有对称中心的晶体中，二次电光效应则可能存在于任何物质中。一次效应要比二次效应显著。

光在各向异性晶体中传播时，因光的传播方向不同或者是电矢量的振动方向不同，光的折射率也不同。通常用折射率椭球来描述折射率与光的传播方向、振动方向的关系。在主轴坐标中，折射率椭球及其方程为

$$\frac{x^2}{n_1^2} + \frac{y^2}{n_2^2} + \frac{z^2}{n_3^2} = 1 \qquad (20-2)$$

其中，n_1、n_2、n_3 为椭球三个主轴方向上的折射率，称为主折射率。当晶体加上电场后，折射率椭球的形状、大小、方位都发生变化，椭球方程变成

$$\frac{x^2}{n_{11}^2} + \frac{y^2}{n_{22}^2} + \frac{z^2}{n_{33}^2} + \frac{2yz}{n_{23}^2} + \frac{2xz}{n_{13}^2} + \frac{2xy}{n_{12}^2} = 1 \qquad (20-3)$$

晶体的一次电光效应分为纵向电光效应和横向电光效应两种。纵向电光效应是加在晶体上的电场方向与光在晶体里传播的方向平行时产生的电光效应；横向电光效应是加在晶体上的电场方向与光在晶体里传播方向垂直时产生的电光效应。

利用纵向电光效应制作的电光调制器半波电压都很高，使控制电路的成本大大增加，电路体积和重量都很大。其次，为了沿光轴加电场，必须使用透明电极，或带中心孔的环形金属电极。前者制作困难，插入损耗较大；后者会致使晶体中电场不均匀。而横向电光调制器则不存在上述问题。通常 KD*P（磷酸二氘钾）类型的晶体用它的纵向电光效应，LiNbO_3（铌酸锂）类型的晶体用它的横向电光效应。铌酸锂晶体为单轴负晶体（$n_0 = 2.297$，$n_e = 2.208$），具有优良的加工性能及较高的电光系数（$\gamma_{22} = 3.4 \times 10^{-12} \text{m/V}$），常常用来做成横调制器。本实验利用铌酸锂晶体的横向电光效应制作电压传感器件。

电压传感实验光路原理图如图 20.4 所示。铌酸锂晶体沿着 x 方向加载电压 U，其厚度为 d，则电场为 $E_x = U/d$，光波沿着 z 方向传播，此时，感应折射率椭球的截线方程为椭圆方程，其主轴方向为 x' 和 y' 方向，与 x 和 y 方向相比恰好旋转 $45°$。当入射光束通过起偏器后，得到 x 方向的线偏振光，入射电光晶体，由于双折射效应，使得 x' 和 y' 两个方向的光分量经过电光晶体后获得相位延迟，可表示为

$$\Gamma = \frac{2\pi}{\lambda_0} n_0^3 \gamma_{22} U \frac{L}{d} \qquad (20-4)$$

经过检偏器后的透过率为

$$T_x = \cos^2\left(\frac{\pi U}{2U_\pi}\right) \tag{20-5}$$

$$T_y = \sin^2\left(\frac{\pi U}{2U_\pi}\right) \tag{20-6}$$

其中，U_π 为半波电压，可以表示为

$$U_\pi = \frac{\lambda_0}{2n_0^3 \gamma_{22}}\left(\frac{d}{L}\right) \tag{20-7}$$

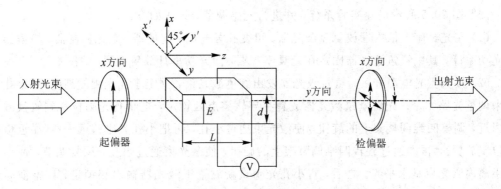

图 20.4　电压传感实验光路原理图

可见，增加电光晶体上的直流偏置电压，则检偏器旋转为水平检偏（x 方向），测量得到的透射率按照式(20-5)变化；将检偏器旋转为垂直检偏（y 方向）时，激光透射率按照式(20-6)变化。由零开始，逐渐增加电光调制器的直流偏置电压，可以测得水平偏振光和垂直偏振光的透过率—电压曲线，据此可以制作电压传感器，待测电压加载至电光晶体的直流偏压输入端，通过测量透过率，即可确定电压值。这就是本实验所用电压传感器的基本原理。显然，此种电压传感器的有效测量范围不超过半波电压。

图 20.4 中的起偏器和检偏器可以采用偏振分光棱镜，依据图 20.3 所示正确摆放两块偏振分光棱镜，使得电光晶体的入射光为 x 方向偏振光，检偏器的透射光为水平偏振光（x 方向），反射光为垂直偏振光（y 方向），这样水平偏振和垂直偏振光的透过率可以使用两台激光功率计同时进行测量。

三、实验仪器

本实验系统所用仪器主要包括：氦氖激光器及其驱动源、光具座、光阑、起偏器、检偏器、电光调制器及其电源、激光功率计等。

四、实验内容及步骤

实验系统示意图如图 20.5 所示。

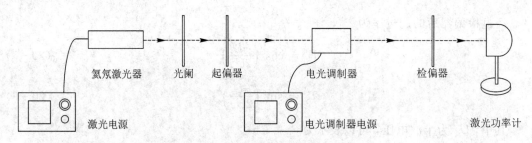

图 20.5　电压传感实验系统示意图

1. 实验系统搭建与光路调节

按照图 20.5 所示搭建实验系统，并进行光路调节，方法如下：

（1）在光具座上依次摆放氦氖激光器、可变孔径光阑、起偏器、电光调制器、检偏器和激光功率计，其中氦氖激光器固定在光具座一端，激光功率计放置在另一端。

（2）接通激光电源开关，氦氖激光器发出红色激光束，固定小孔光阑的高度，用小孔光阑来调整光路水平。先将氦氖激光器放置在导轨零点处锁定，把小孔光阑拉移到氦氖激光器附近，调整四维调整架上的旋钮，使激光束通过小孔，再把小孔光阑移远一些（靠近检偏器位置放置），再次通过旋转四维调整架上的旋钮，使激光束通过小孔，反复调节，使得一定距离内激光束是水平光。之后，将小孔光阑重新放置于激光器输出端锁定，调整横向位置，让光束通过小孔中心。如果为可变孔径光阑，可以将光阑孔径调为最大，避免遮挡光束。

（3）调整起偏器、检偏器的高度和角度，让光束基本由中心位置垂直入射，并锁定。依据偏振片镜架上的偏振方向指示及刻度，旋转起偏器为垂直起偏，检偏器为水平检偏。

说明：是否垂直入射可通过观察反射光束判断，如果反射光束基本沿着入射光束方向，可以认为已经满足垂直入射。

（4）正确连接电光调制器与驱动器之间的连线，调整好电光调制器高度与横向位置，使得激光束刚好垂直入射电光晶体，由通光孔中心位置通过，锁定调整架。启动电光调制器电源，电压旋钮调至 0V 位置，预热 5 分钟，将调制方式变换为"内调"，并且将"调制幅度"和"内调频率"调至最小（逆时针旋转到头），或者将电源放置到"外调"，但不接入调制信号。

注意：电光调制器通光孔径较小，调节时必须仔细观察，确保光束从通光孔中心通过，否则，将对实验结果产生严重影响。

（5）将激光功率计固定在光具座尾端，调整激光功率计的高度，使得激光照射在激光功率计感光面中心位置。启动功率计，选择功率计的工作波长为 632.8 nm，并进行功率调零。

2. 水平偏振方向透射功率 P_{h} 的测量

缓慢旋转电光调制器电源的直流偏置电压调节旋钮，加在电光晶体上的横向电压从零开始，逐渐增大，直至电压达到最大。所加电压可从电源面板上的数字表中读出。每增加 20V 记录一次当前透射激光功率值。测量完成后，反向旋转直流电压调节旋钮，将电压值逐渐降为零。

3. 垂直偏振方向透射功率 P_v 的测量

依据检偏器镜架上的偏振方向指示及刻度,将检偏器旋转为垂直检偏,重复 2 的测量。

五、数据处理

(1) 完成实验数据测量表格,如表 20.1 所示。

表 20.1　测量结果数据表

U/V	0	20	40	60	80	100	120	140	160	180	200
$P_h/\mu\mathrm{W}$											
$P_v/\mu\mathrm{W}$											
U/V	220	240	260	280	300	320	340	360	380	400	420
$P_h/\mu\mathrm{W}$											
$P_v/\mu\mathrm{W}$											
U/V	440	460	480	500	520	540	560	580	600	620	640
$P_h/\mu\mathrm{W}$											
$P_v/\mu\mathrm{W}$											

(2) 绘制水平偏振和垂直偏振功率—电流曲线图(P-V 曲线)。

依据表 20.1 的测量结果,利用 MATLAB 或 EXCEL 软件绘制水平偏振和垂直偏振功率—电流曲线图,并将其插入 Word 文档页面(B5 大小)打印。

六、思考与讨论

(1) 如何获得偏振光? 波片的作用是什么?
(2) 利用电光效应实现电压传感的原理?

七、参考文献

[1] 石顺祥. 物理光学与应用光学. 西安:西安电子科技大学出版社,2014.

[2] 宋贵才,全薇,等. 物理光学理论与应用. 北京:北京大学出版社,2015.

实验二十一　电流传感实验

光纤传感器的基本工作原理是将来自光源的光经过光纤送入调制器，使待测参数与进入调制区的光相互作用后，导致光的光学性质（如光的强度、波长、频率、相位、偏正态等）发生变化，再经过光纤送入光探测器，获得被测参数。传统光纤传感器基本上可分为两种类型：光强型和干涉型。光强型传感器的缺点在于光源不稳定，而且探测器容易老化；干涉型传感器则可以避免光强型传感器的诸多缺点，优化传感器的性能。

本实验系统实现电流传感的理论依据为电流的磁效应和法拉第磁旋光效应，属于光强型传感器，其激光输入、输出端口均采用光纤传输方式，充分利用了光纤的柔性，方便实际应用。

一、实验目的

（1）深刻理解以法拉第磁旋光效应为基础的光纤电流传感器的基本原理。

（2）掌握光纤电流传感器的设计、工装和调节方法，测量光纤传输功率随电流的变化关系。

（3）学习光纤传感系统的设计、调节、工装、测试技能。

（4）拓展研究各种类型的光纤传感器的设计、制作与应用。

二、实验原理

光纤又称光导纤维，光导纤维是由两层折射率不同的玻璃组成的。光纤内层为光内芯，直径在几微米至几十微米，外层的直径为 $0.1 \sim 0.2$ mm。一般内芯玻璃的折射率比外层玻璃大 1%。根据光的折射和全反射原理，当光线射到内芯和外层界面的角度大于产生全反射的临界角时，光线透不过界面，全部反射。

现今传感器在朝着灵敏、精确、适应性强、小巧和智能化的方向发展。在这一过程中，光纤传感器这个传感器家族的新成员倍受青睐。光纤具有很多优异的性能，如具有抗电磁和原子辐射干扰的性能；径细、质软、重量轻的机械性能；绝缘、无感应的电气性能；耐水、耐高温、耐腐蚀的化学性能等。光纤能够在人到达不了的地方（如高温区），或者对人有害的地区（如核辐射区），起到人的耳目的作用，而且还能超越人的生理界限，接收人的感官所感受不到的外界信息。

光纤传感器可以用来测量多种物理量，如声场、电场、压力、温度、角速度、加速度等，还可以完成现有测量技术难以完成的测量任务。光纤传感器成为传感器家族的宠儿，迅速发展起来。在狭小的空间里、强电磁干扰和高电压的环境里，光纤传感器都显示出了独特的能力。光纤传感器有 70 多种，大致上分成光纤自身传感器和利用光纤的传感器。本实验所采用的光纤电流传感器属于后者。

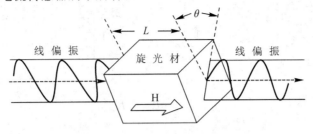

图 21.1　法拉第效应示意图

1. 法拉第磁旋光效应

1845 年，法拉第发现：当线偏振光在介质中传播时，若在平行于光的传播方向上加一强磁场，则光偏振方向将发生偏转，偏转角度与磁感应强度 B 和光穿越介质的长度 L 的乘积成正比，即

$$\theta = VBL \tag{21-1}$$

式中，比例系数 V 称为旋光材料的维尔德常数，与介质性质及光波频率有关。偏转方向取决于介质性质和磁场方向。上述现象称为法拉第效应或磁旋光效应。

1825 年，菲涅耳对旋光现象提出了一种唯象的解释。按照他的假设，可以把进入旋光介质的线偏振光看作是右旋圆偏振光和左旋圆偏振光的组合。菲涅耳认为：在各向同性介质中，线偏振光的右、左旋圆偏振光分量的传播速度 v_R 和 v_L 相等，因而其相应的折射率 $n_R = c/v_R$ 和 $n_L = c/v_L$ 相等。而在右、左旋光介质中，右、左旋圆偏振光的传播速度不同，其相应的折射率也不相等：

$$n_R = \frac{c}{v_R} \tag{21-2}$$

$$n_L = \frac{c}{v_L} \tag{21-3}$$

在右旋晶体中，右旋圆偏振光的传播速度较快，$v_R > v_L$；在左旋晶体中，左旋圆偏振光的传播速度较快，$v_L > v_R$。假设入射到旋光介质上的光是沿水平方向（x 方向）振动的线偏振光，按照归一化琼斯矩阵方法，可以把菲涅耳假设表示为

$$\begin{bmatrix} 1 \\ 0 \end{bmatrix} = \frac{1}{2} \begin{bmatrix} 1 \\ -i \end{bmatrix} + \frac{1}{2} \begin{bmatrix} 1 \\ i \end{bmatrix} \tag{21-4}$$

x 方向振动的线偏振光、振动方向与 x 轴成 θ 角的线偏振光、左旋圆偏振光、右旋圆偏振光的标准归一化琼斯矢量形式分别为

$$\begin{bmatrix} 1 \\ 0 \end{bmatrix}, \quad \begin{bmatrix} \cos\theta \\ \sin\theta \end{bmatrix}, \quad \frac{\sqrt{2}}{2} \begin{bmatrix} 1 \\ i \end{bmatrix}, \quad \frac{\sqrt{2}}{2} \begin{bmatrix} 1 \\ -i \end{bmatrix} \tag{21-5}$$

右旋和左旋圆偏振光通过厚度为 l 的旋光介质后，相位滞后分别为

$$\begin{cases} \varphi_R = K_R l = \dfrac{2\pi}{\lambda} n_R l \\[2mm] \varphi_L = K_L l = \dfrac{2\pi}{\lambda} n_L l \end{cases} \tag{21-6}$$

则其合成波的琼斯矢量为

$$E = \frac{1}{2}\begin{bmatrix}1\\-i\end{bmatrix}e^{i\varphi_R} + \frac{1}{2}\begin{bmatrix}1\\i\end{bmatrix}e^{i\varphi_L} = \frac{1}{2}\begin{bmatrix}1\\-i\end{bmatrix}e^{ik_R l} + \frac{1}{2}\begin{bmatrix}1\\i\end{bmatrix}e^{ik_L l}$$

$$= \frac{1}{2}e^{i(k_R+k_L)\frac{l}{2}}\left(\begin{bmatrix}1\\-i\end{bmatrix}e^{i(k_R-k_L)\frac{l}{2}} + \begin{bmatrix}1\\i\end{bmatrix}e^{-i(k_R-k_L)\frac{l}{2}}\right) \tag{21-7}$$

引入：

$$\begin{cases}\varphi = \dfrac{l}{2}(K_R + K_L)\\[2mm]\theta = \dfrac{l}{2}(K_R - K_L)\end{cases} \tag{21-8}$$

由式(21-8)和式(21-4)、式(21-5)合成波的琼斯矢量，可以写为

$$E = e^{i\varphi}\begin{bmatrix}\dfrac{1}{2}(e^{i\theta} + e^{-i\theta})\\[2mm]-\dfrac{i}{2}(e^{i\theta} - e^{-i\theta})\end{bmatrix} = e^{i\varphi}\begin{bmatrix}\cos\theta\\\sin\theta\end{bmatrix} \tag{21-9}$$

它代表了光振动方向与水平方向成 θ 角的线偏振光。这说明，入射的线偏振光光矢量通过旋光介质后，转过了 θ 角。

由式(21-6)、式(21-8)可以推出：

$$\theta = \frac{\pi}{\lambda}(n_R - n_L)l \tag{21-10}$$

由式(21-10)可以看出，如果左旋圆偏振光传播得快，即 $n_L < n_R$，则 $\theta > 0$，即光矢量是向逆时针方向旋转的；如果右旋圆偏振光传播得快，即 $n_L > n_R$，则 $\theta < 0$，即光矢量是向顺时针方向旋转的。这就说明了左、右旋光介质的区别；而且，式(21-10)还表明旋转角度 θ 与 l 成正比，与波长有关。这种旋光本领因波长而异的现象称为旋光色散。

令

$$\alpha = \frac{\pi}{\lambda}(n_R - n_L) \tag{21-11}$$

$$\theta = \alpha l \tag{21-12}$$

式中，α 表征了该介质的旋光本领，称为旋光率，它与光波长、介质的性质及温度有关。石英晶体的旋光率 α 随光波长的变化规律如图 21.2 所示。

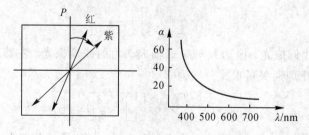

图 21.2 石英晶体旋光色散特性曲线

2. 自聚焦透镜的特点

当光线在空气中传播遇到不同介质时，由于介质的折射率不同会改变其传播方向。传统透镜是通过控制透镜表面的曲率，利用产生的光程差使光线汇聚成一点的。

　　自聚焦透镜与普通透镜的区别在于，自聚焦透镜材料折射率的分布沿径向逐渐减小，能够使沿轴向传输的光产生连续折射，从而实现出射光线平滑且连续的汇聚到一点，如图21.3所示。

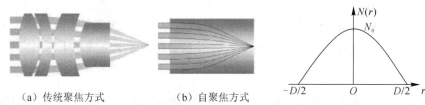

（a）传统聚焦方式　　　　　（b）自聚焦方式

图 21.3　传统聚焦方式与自聚焦方式的比较　　　图 21.4　自聚焦透镜折射率曲线

　　自聚焦透镜利用了梯度变折射率分布沿径向逐渐减小的变化特征，其折射率变化由式（21-13）表示，其折射率分布曲线见图21.4所示。

$$N(r) = N_0\left(1 - \frac{A}{2}r^2\right) \tag{21-13}$$

其中，N_0 为自聚焦透镜的中心折射率；D 为自聚焦透镜的直径；A 为自聚焦透镜的折射率分布常数。

3. 基于法拉第磁旋光效应的智能电网传感系统

　　近年来，随着全世界智能电网的革命性变革，光电式电网传感器的研究和应用逐渐成了智能电网中的热点问题。光电式电网传感的主要原理是基于法拉第磁旋光效应和普克尔电光效应。其中法拉第磁旋光效应应用于电流式互感器中；普克尔电光效应应用于电压式互感器中。下边我们就深入研究一下应用在电流式互感器中的基于法拉第磁旋光效应的智能电网传感系统。

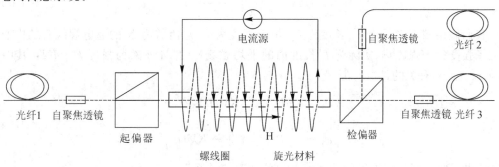

图 21.5　光纤电流传感器原理图

　　基于法拉第磁旋光效应的智能电网光纤电流传感器原理如图21.5所示。光纤耦合半导体激光器通过光纤1输出，经自聚焦透镜准直后射向起偏器（45°放置 PBS），获得45°线偏振光，然后通过旋光材料。旋光材料放置在螺线圈中，螺线圈两端链接待测电流源，因而在内部产生稳恒磁场 H，旋光材料会将入射线偏振光的偏振方向旋转一个角度（取决于螺线圈中的电流强度），并经过检偏器（PBS）后分成两束，输出光通过自聚焦透镜耦合进入光纤输出。若螺线圈中电流发生变化，则磁场 H 就会发生变化，由法拉第磁旋光效应可知，从磁光材料输出的偏振光的偏振方向也会发生变化，所以在检偏后输出的透射路光强和反射路光强也会出现相应变化。经过透射路与反射路光强信号的检测，可以通过检测光强变化先检测出磁场的强度变化，从而探测出输入线圈的电流量变化。通过上述过程便完成了电流量的检测。

如果光源功率为 P_0，经过起偏器 45°起偏后光源功率减半，功率变为

$$P_1 = \frac{1}{2}P_0 \tag{21-14}$$

一般情况下，磁光晶体材料的吸收极小，可以忽略不计。因此，在线圈中没有电流的情况下（$I = 0$ 时），检偏后输出透射路功率 P_t 和反射路功率 p_r，满足下式：

$$P_t = P_r = \frac{1}{4}P_0 \tag{21-15}$$

如果线圈中的电流不为 0，检偏后输出透射路功率 P_t 满足马吕斯定律，反射路功率 p_r 满足下式：

$$\begin{cases} P_t = \dfrac{1}{2}P_0\cos^2\theta \\[2mm] P_r = \dfrac{1}{2}P_0\cos^2\left(\dfrac{\pi}{2} - \theta\right) \end{cases} \tag{21-16}$$

根据法拉第效应 $\theta = VBL$，则有

$$\begin{cases} P_t = \dfrac{1}{2}P_0\cos^2(VBL) \\[2mm] P_r = \dfrac{1}{2}P_0\cos^2\left(\dfrac{\pi}{2} - VBL\right) \end{cases} \tag{21-17}$$

根据毕奥—萨伐尔定律：载流导线上的电流元 Idl 在真空中某点 P 的磁感度 dB 的大小与电流元 Idl 的大小成正比，与电流元 Idl 和从电流元到点 P 的位矢 r 之间的夹角 θ 的正弦成正比，与位矢 r 的大小的平方成反比：

$$B(x) = \frac{\mu_0}{4\pi}\oint_L \frac{Id\boldsymbol{I} \times \boldsymbol{r}}{r^2} \tag{21-18}$$

我们假设截面半径为 a，长度为 L，电流强度为 I，总匝数为 N 的通电螺线管的中心点的磁场强度为匀强磁场（实际为 L 长度内的平均磁场），并且该磁场强度 $B = KI$，其中 K 是与 a、L、N 有关的常数。那么

$$\begin{cases} P_t = \dfrac{1}{2}P_0\cos^2(KVIL) \\[2mm] P_r = \dfrac{1}{2}P_0\cos^2\left(\dfrac{\pi}{2} - KVIL\right) \end{cases} \tag{21-19}$$

由此，便得到了探测出的功率值与电流的对应关系。

三、实验仪器

本实验所用仪器主要包括：光纤耦合半导体激光器、法拉第磁旋光组件（包含起偏器、旋光晶体和检偏器，起偏器相对于检偏器旋转 45°放置）、五维调节支架、反射路光纤、透射路光纤、激光功率计等。

四、实验内容及步骤

实验示意图如图 21.6 所示。

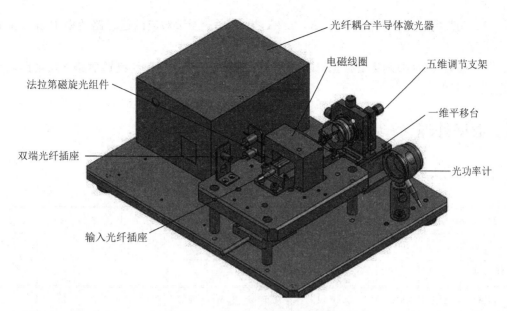

图 21.6 光纤电流传感实验示意图

（1）按照图 21.6 安装好实验部件。LD 光纤插入双端光纤插座的一端，去除输入光纤两端的保护帽，将带有 FC 接头的一头插入双端光纤插座的另一端，并将带有光纤自聚焦准直透镜的一头插入输入光纤插座，反射路光纤尾端连接激光功率计。

（2）启动 LD 电源开关，旋转驱动电流旋钮，直到能够观察到明亮的激光输出。LD 输出光束通过耦合光纤、自聚焦准直透镜射向起偏器（PBS，P 光全透，S 光全反），则透射为线偏振光。

（3）线偏光经过磁光材料射入第二块 PBS（相对第一块 PBS 旋转 45°放置），光束分为透射光和反射光两路。其中，反射路装配有已经调节好耦合，并用胶固化的光纤，输出功率可通过功率计读出。

（4）将透射路光纤两端的保护帽去除，带有 FC 接头的一头连接激光功率计，带有光纤自聚焦准直透镜的一头则插入五维调节架中心位置处的夹具卡槽内，并上紧固定螺丝，以光纤自聚焦准直镜不松动为原则，不能过度锁紧，避免夹碎光纤自聚焦准直镜。

（5）调节一维平移台和五维调节支架上的旋钮，使得透射路光纤自聚焦准直镜对准电流传感光机组件上的透射路的孔位，然后调节五维镜架上的调节旋钮，使得功率计读数达到最大值。

注意：调节过程中光纤自聚焦准直镜与透射路安装孔内壁应保持适当间隔，避免碰上。

（6）记录读数值，与反射路功率值相比较，对比两者的差异。由图 21.5 所示，在未加电流时（电磁线圈内无磁场），光功率应当均分至反射路和透射路，也就是说，理论上两路光功率应当相等。实际上，完成步骤（5）后，要求透射路测量功率值与反射路应当基本一致或相差较小，如果差别较大，则说明透射激光功率未能充分耦合进入透射路光纤中，需要重复第（5）步，直到满足要求。

（7）连接电流源输出端与电磁线圈输入端（颜色一致），将电流旋钮调至最小，启动电流源。

（8）调节电流值依次为 0，0.1A，0.2A，…，2A，测量对应的透射路功率 P_t 和反射路功率 P_r。

（9）根据步骤（8）测得的数据，以 I 为 x 轴，P_t、P_r 为 y 轴，绘制透射路和反射路功率—电流曲线图。

五、数据处理

（1）完成实验数据表，参见表 21.1 所示。

表 21.1　测量结果数据表

I/A	0	0.1	0.2	0.3	0.4	0.5	0.6	0.7	0.8	0.9	1.0
$P_t/\mu\mathrm{W}$											
$P_r/\mu\mathrm{W}$											
I/A	1.1	1.2	1.3	1.4	1.5	1.6	1.7	1.8	1.9	2.0	
$P_t/\mu\mathrm{W}$											
$P_r/\mu\mathrm{W}$											

（2）依据表 21.1 完成透射路和反射路功率—电流曲线图（P-I 曲线）。

六、思考与讨论

（1）法拉第磁旋光效应有何应用？
（2）简述偏振分光棱镜的基本原理。

七、参考文献

［1］石顺祥. 物理光学与应用光学. 西安：西安电子科技大学出版社，2014.

［2］宋贵才，全薇，等. 物理光学理论与应用. 北京：北京大学出版社，2015.

［3］郭经红. 电力光纤传感技术及其工程应用. 北京：科学出版社，2016.

非线性动力学是近几十年来物理学领域中新兴的一个分支,以讨论非线性系统的动力学演化行为为主要研究方向,涉及系统对初条件和边条件的敏感依赖的特点以及系统自身特有的自组织能力等多方面进行动态视角的探讨,为人们提供了一种对自然界全新的认知方式和研究手段。非线性热对流斑图实验仪结合耗散结构理论,用非线性动力学的动态研究视角,来观察和分析经典的瑞利—贝纳德对流系统的自组织演化过程,从而加深物理学中诸多领域中基本概念的理解和应用。

一、实验目的

(1)深刻理解耗散结构理论的基本概念和非线性热对流斑图可视化方法(即阴影法)的基本原理。

(2)掌握水的热导率的测量原理,照明光路的调节方法,激光热对流斑图的观测方法以及实验数据的记录、处理方法。

(3)学习利用 CMOS 相机构建测量系统的设计、调节和均匀照明方法。

(4)拓展研究耗散结构理论在物理学、化学、生物学、医学等方面的应用。

二、实验原理

1. 耗散结构理论简介

耗散结构理论是一种关于非平衡系统自组织的理论,是用热力学和统计物理学的方法,研究耗散结构形成的条件、机理和规律的理论,其理论、概念和方法不仅适用于自然现象,同时也适用于解释社会现象。早在 1900 年,贝纳德就观察到由于对流现象流体形成的花样(斑图),后来瑞利对该系统做了理论分析,故该系统被称为瑞利—贝纳德热对流系统。其后物理学家们对该系统又作了更为详尽的研究,从平衡态、近平衡态系统到远离平衡态的开放系统,以这些基本概念为出发点,讨论不稳定性、涨落的作用,提出了从无序到有序的临界转变过程,也即耗散结构(斑图)的发生、发展、演化过程。

耗散结构理论的创始人是伊里亚·普里高津(Ilya Prigogine)教授,由于对非平衡热力学尤其是建立耗散结构理论方面的贡献,他荣获了 1977 年诺贝尔化学奖。普里高津的早期工作在化学热力学领域,1945 年得出了最小熵产生原理,此原理和昂萨格倒易关系一起为近平衡态线性区热力学奠定了理论基础。普里高津以多年的努力,试图把最小熵产生原理延拓到远离平衡的非线性区去,但以失败告终,在研究了诸多远离平衡现象后,使他认识到系统在远离平衡态时,其热力学性质可能与平衡态、近平衡态有重大原则差别。随后以普里高津为首的布鲁塞尔学派又经过多年的努力，终于建立起一种新的关于非平衡系统自组织的理论——耗散结构理论。这一理论于 1969 年由普里高津在一次"理论物理学和生物学"的国际会议上正式提出。

耗散结构理论可概括为：一个远离平衡态的非线性的开放系统（不管是物理的、化学的、生物的乃至社会的、经济的系统）通过不断地与外界交换物质和能量，在系统内部某个参量的变化达到一定的阈值时，通过涨落，系统可能发生突变，即非平衡相变，由原来的混沌无序状态转变为一种在时间上、空间上或功能上的有序状态。这种在远离平衡的非线性区形成的新的、稳定的宏观有序结构，由于需要不断与外界交换物质或能量才能维持，因此称之为"耗散结构"（Dissipative Structure）。

2. 阴影法—流动显示技术

流体运动，一般都是动力的原因。但是，由于流体内密度压力分布不均匀而产生的梯度力，也是导致流动的原因之一，所以因热力作用而使流体状态（如密度、压力等）发生的差异，自然也可以引起流体运动，此种由热力作用驱动的流体运动称作热对流（thermal flow）。热对流是自然界中常见的现象。最简单的例子，就是盛水容器底部加热所观测到的热对流和沸腾现象。热对流具有通常所熟知的"热流体上升，冷流体下沉"的流动基本特征。因为热力分布的不均匀，造成了流体中的温差，而此种温差又可引起流体的密度差，于是在重力场中相应地出现了阿基米德浮力，最后驱动热对流的产生。1900 年，贝纳德对具有自由面—固壁底层的流体薄层进行了热对流实验，观测到各种对流图形。现在把底层加热的流体薄层的对流问题称作贝纳德问题。耗散结构理论的提出使得人们对此类问题有了更系统更深入的认识。

图 22.1 为瑞利—贝纳德对流系统示意图。上下两边界水平，温度分别维持在 T_u 和 $T_u + \Delta T (\Delta T > 0)$，整个系统处在重力加速度场 g 中。本实验所用水的热对流系统在水平方向上是有边界的，为圆形边界，为 O 圈内径 $D_O = 64$ mm。

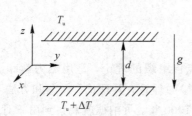
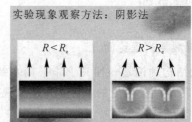

图 22.1 瑞利—贝纳德对流系统示意图　　　图 22.2　阴影法原理示意图

图 22.2 为阴影法原理示意图，当水层内部没有流动时，水平方向上水密度分布均匀，均匀光入射，仍然均匀光出射，见图 22.2 的左图；当水层内部出现流动时，在此实验仪中出现的现象是热水上升并伴随冷水下降，构成对流元胞结构，见图 22.2 的右图。水平方向上水密度周期变化，我们知道，水密度大，其光的折射率就大，反之折射率就小。由于实验水层厚度处处相同，因此，冷水下降的部分可比拟成凸透镜，热水上升的部分可比拟成凹透镜，凸透镜对光有会聚作用，凹透镜对光有发散作用。结果是，均匀光入射，冷水下降的部分对光汇聚，热水上升的部分对光发散，从而导致出射光的光强分布不均匀，其灰度的变化反映了水层密度的变化，亦即水层内部流动的情况。

阴影法并不是一种适合于定量测量流体密度的方法，因为其分析计算要求对记录平面上的强度分布作二重积分，而强度的表示，例如阴影的灰度不能很精确地确定，在二重积分中这一误差会被放大。此外，包含在分析中的某些简化假设也有可能不成立。但由于阴影法很简单，为了很快地观察具有变流体密度的流动场，阴影法仍是一种简便的方法。

3. 水的热导率测量方法

利用热对流斑图试验仪(参见图22.3所示)可以完成水的热导率测量。斑图出现之前，水层内部没有对流，温度分布从下到上沿 z 轴方向呈梯度线性分布，满足傅里叶热传导定律。当水层上下两表面温度恒定后，即可测量水的热导率。

由传热学中的傅里叶定律可知，对介质的热传导过程，热流量 Φ 正比于温度梯度 $\Delta T/\Delta z$ 和传热面的面积 ΔS，即

$$\Phi = \frac{\Delta Q}{\Delta t} = -\kappa\Delta S\frac{\Delta T}{\Delta z} \tag{22-1}$$

其中，κ 为介质的热导率。

在非线性热对流实验仪中，要测量水的热导率，需了解几个物理量。硅胶片的加热功率等于 $I^2 R$，R 为硅胶片电阻，大小为 $30\ \Omega$，均匀加热，加热面为紫铜圆面，其直径 $D_{Cu}=90\ \text{mm}$。公式中传热面的面积 ΔS，应考虑水层的实际圆面积，直径为 $D_O=64\ \text{mm}$。所以热流量 Φ 应为

$$\Phi = I^2 R \cdot \pi\left(\frac{D_O}{2}\right)^2 \Big/ \pi\left(\frac{D_{Cu}}{2}\right)^2 \tag{22-2}$$

温度梯度 $\Delta T/\Delta z$ 中 ΔT 为实际测量的水层上下表面温度差；Δz 为水层的厚度 d。因此水的热导率为

$$\kappa = -\frac{\Phi d}{\Delta S\Delta T} = -\frac{I^2 R d}{\pi\left(\dfrac{D_{Cu}}{2}\right)^2 \Delta T} \tag{22-3}$$

三、实验仪器

本实验所用仪器主要包括：光纤耦合半导体激光器、扩束镜、准直镜、分光平板、由铜盘和加热硅胶片组成的加热炉、O 形圈、由蓝宝石片和有机玻璃组成的降温水层、循环水泵、制冷机、电源箱(含测温仪和电流源)、接收纸屏、COMS 相机、计算机等。

对于激光热对流斑图试验仪的简要说明如下：

热对流水层由橡胶 O 形圈限定在镀金铜盘上部，O 形圈内径 D_O 为 $64\ \text{mm}$，厚度为 $2\ \text{mm}$、$4\ \text{mm}$、$6\ \text{mm}$ 任选，对流水层的上方是降温水层，两个水层的接触面是蓝宝石片，其在透明介质中具有相对较高的热导率，为 $25\ \text{W}/(\text{m}\cdot\text{K})$。降温水层其它部分是有机玻璃，透明介质的选用是为了能够从上方观察对流水层内的斑图。通过循环水泵将冷水泵入降温水层，流过蓝宝石片上方带走热量，从而尽可能稳定对流水层的上表面温度。蓝宝石片一侧放置了 Pt100 热敏电阻，用于测量对流水层的上表面温度，由测温仪 A 显示温度。对流水层的下表面是纯紫铜的镀金圆盘平面，可作为反射镜，紫铜具有高的热传导率，为 $387\ \text{W}/(\text{m}\cdot\text{K})$，其直径 $D_{Cu}=90\ \text{mm}$，厚度为 $10\ \text{mm}$，因此可以保证镀金平面的温度均

匀性。紫铜下面放置了一个同等面积的内阻为 30 Ω 的硅胶片，给定电流后对紫铜进行加热。在硅胶片和紫铜之间，放置 Pt100 热敏电阻，它与测温仪 B 相联，可测出紫铜圆盘的温度，即水层下表面温度。

热对流水层的上下两个表面温度差的控制和改变是利用通过硅胶加热片的电流来定的。固定电流，加热片放热的功率一定，在从下而上的热传导过程中整个系统逐渐达到稳定的温度分布，最终在热对流水层的上下两个表面形成稳定的温度差。改变电流，加热片放热功率改变，通过热传导的暂态过程最终形成的稳定的温度差分布也就会不同。即电流大小的改变决定了对流水层上下两个表面温度差的改变，从而改变对流水层内部的流动状态。

利用阴影法来观察对流水层内的流动结构（即斑图），用光纤耦合半导体激光器作光源，经扩束镜扩束，再经准直透镜形成直径为 8 cm 的准平行光光束，分光平板将准平行光投射到降温水层和对流水层，被铜盘镀金表面反射后经对流水层和降温水层出射，出射光的光强分布就反映了对流水层的密度分布，降温水层内只要保持水流速度恒定，形成层流，对准平行光光强分布影响不大。接收屏可接收出射后的光，用 CMOS 相机拍摄图像并存入电脑以用于后续分析。

四、实验内容及步骤

实验装置示意图如图 22.3 所示。

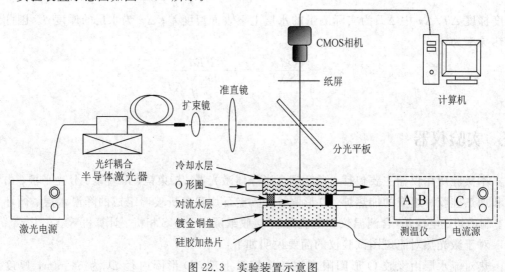

图 22.3　实验装置示意图

1. 制作热对流水层

制作水层时请将有机玻璃板平移至旁边的带圆孔的托台上，有机玻璃板中心的通光孔不要与台面接触，避免损坏。将黑色橡皮圈放置在镀金紫铜圆盘的中心（橡皮圈有可能会粘在有机玻璃板上力），在橡皮圈内制作测量用水层。操作时请勿用手触摸有机玻璃板中心通光孔下侧的蓝宝石窗口和镀金紫铜圆盘，避免手指上的油性物质污染光学元件表面。

制作水层时应当注意不要产生气泡，方法是要缓慢倒入纯净水，由于表面张力，当橡胶圈内注满水后，水层中心部分会轻微隆起，然后将有机玻璃板平移至原位置，一端先接触橡胶圈,另外一端缓慢放下,如果仍然有气泡,请补充一些纯净水,再次操作。

2. 光路调节

用阴影法观察水层对流情况:

(1)将光纤耦合半导体激光器的光纤输出端插入调节支架的光纤插座上,并置于光具座一端,仔细调节光纤输出端、扩束镜、准直镜以及分光平板,使它们的光轴一致。

(2)启动半导体激光器,前后移动准直透镜,观察准直透镜的准直效果,获得准平行光。

注意:不能要平行光,原因是平行光容易出现干涉现象,会影响斑图的观察。

(3)仔细调节分光平板的角度,基本与入射光中心轴呈 $45°$,整体移动分光平板下方镀金铜盘组件,使得反射光基本均匀照明测试水层。

(4)将一张大小适中的薄蜡纸作为接收屏,放置在分光平板上方的圆孔形托架上,作为接收纸屏使用。

(5)用数据线连接 CMOS 相机数据输出端和计算机 USB 接口,启动计算机,运行图像采集软件,并进行相机设置(包括曝光时间、增益等),调节 CMOS 相机的位置以及 CMOS 相机前端的镜头焦距和光圈,以对纸屏呈清晰像。

3. 测量水层上下表面温度并保存图像

光路调节好之后,开启水泵、制冷机,设定温度为 18℃左右;启动电源箱,电源箱前面板显示水层上、下表面的温度。将电流值从 0.3 A 开始,每次增加 0.05 A,直至 1.2 A,保存纸屏上测得图像,记录测温仪 A、B 的显示值。

注意:电流每次增加 0.05 A,都需要等待足够的时间,使得水层上、下表面温度基本稳定。

4. 计算水的热导率

计算水的热导率时,只能使用斑图出现之前的数据,即电流 0.3~0.7 A 的测量数据。水的热导率的计算方法有如下两种:

其一,将得到的数据直接代入式(22-1)。

其二,从式(22-1)看出,I^2 和 ΔT 满足线性关系,可以做二者的关系图,然后线性拟合,获得水的热导率值。

在求得水的热导率之后,与理论值比较,讨论误差来源,并进行误差分析。

注意:30℃时水的热导率为 0.62 W/(m·K)。

5. 观测非线性热对流斑图(耗散结构)的动力学演化行为

当电流超过 0.7 A 后,就可能从纸屏上观察到斑图。斑图形成之后,随着温度差的继续升高,会发生相应变化。因为这部分的原理部分相当复杂,因此一般只从实验操作上去观察和测量,获得实验现象的描述和理解。从物理的角度看对流系统,我们知道,温度差的升高,意味着系统需要传递的热量变大,在传递热量的过程中,系统需要去调整自身的结构,从而产生观察结果的变化。

观测热对流斑图的动力学演化行为,需要关注如下两个方面内容:

其一,对流元胞尺度随温度差的增加而变大。

其二,对流元胞的变形问题,如边界出现径向亮线以及整体同心圆出现偏心现象。

依次采集四幅图像，能够反映斑图的形成过程，利用 Windows"画图"软件打开保存的图像，选择"图像"菜单下的"反色"，将图像反色，然后另存为.jpg 格式图片。

实验结束后，请先将电流调零，再关闭电源。拔掉恒温箱和水泵的电源，关闭计算机。将盛水不锈钢盘中的废水倒到实验室前后墙角的洗手盆中，并擦拭干净留在实验台上的水。

五、数据处理

（1）温度测量结果。按照表 22.1 形式记录水层上、下表面的温度值，并计算温差。

表 22.1　温度测量数据表

I /A	0.3	0.35	0.4	0.45	0.5	0.55	0.6	0.65	0.7
$T_上$ /℃									
$T_下$ /℃									
ΔT /℃									
I /A	0.8	0.85	0.9	0.95	1.0	1.05	1.1	1.15	1.2
$T_上$ /℃									
$T_下$ /℃									
ΔT /℃									

（2）水的热导率计算。使用 Matlab 软件，利用最小二乘法进行线性拟合，计算水的热导率，并给出相对误差。

（3）热对流斑图动力学演化行为观测。选取四幅不同电流下的斑图图像插入一张纸中打印，并标识电流和温差。所选取的四幅图像要求能够反映斑图从无到有，从模糊到清晰的变化过程。记录斑图出现的临界温差以及临界电流，并用文字描述斑图演化过程。

六、思考与讨论

（1）改变水层边界形状、厚度会对实验结果会产生怎样影响？

（2）热对流斑图能否稳定下来？如果可以稳定，应该是什么样子？

七、参考文献

[1] 余志豪，王彦昌. 流体力学. 北京：气象出版社，1982 年.

实验二十三　黑体辐射源的辐射特性测量

任何物体，只要其温度在绝对零度以上，就向周围发射红外辐射。物体的红外辐射特性是物体的固有属性，可用于对目标的探测和识别。

本实验装置专门用于进行黑体及任意辐射光源辐射能量的测量，并记录辐射源的光谱辐射能量曲线。此外在实验时，通过改变辐射光源的温度，分别进行扫描，可以从记录的光谱辐射曲线中实现对普朗克定律、斯忒藩—波尔兹曼定律和维恩位移定律的验证。

一、实验目的

（1）深刻理解辐射源的光谱辐射理论。

（2）掌握利用黑体实验装置进行光谱辐射特性测量及黑体辐射定律验证的数据处理方法。

（3）学习黑体实验装置的机械、光学设计技巧。

（4）拓展研究辐射源的光谱辐射特性在光电成像系统设计及仿真中的应用。

二、实验原理

1. 红外辐射与黑体辐射

红外辐射也称为红外线，它是一种电磁辐射，存在于自然界的任何一个角落。它既具有与可见光相似的性质，又具有以下特性：

（1）红外辐射对人眼不敏感，因此必须用对红外辐射敏感的红外探测器才能探测到。

（2）红外辐射的光量子能量比可见光的小。

（3）红外辐射的热效应比可见光强得多。

（4）红外辐射更易被物质所吸收。

任何物体，只要其温度在绝对零度以上，就向周围发射红外辐射。红外辐射从可见光的红光边界开始，一直扩展到电子学中的微波区边界，其波长范围是 $750\ \text{nm}\sim10^6\ \text{nm}$。

所谓黑体（或绝对黑体），是指在任何温度下能够全部吸收任何波长入射辐射的物体。在热平衡状态下，物体所吸收的辐射功率必等于它发射的辐射功率。也就是说，好的吸收体必是好的发射体。黑体的辐射能力仅与温度有关。

自然界中存在的物体大部分都不能认为是黑体。任何非黑体所发射的辐射通量都小于同温度下黑体发射的辐射通量；并且，非黑体的辐射能力不仅与温度有关，而且与其表面材料的性质有关。物体在指定温度 T 时的辐射量与同温度黑体的相应辐射量的比值称为该物体的发射率（也叫做比辐射率）。

辐射能力小于黑体，但辐射的光谱分布与黑体相同的辐射体称为灰体；辐射能力小于黑体，但辐射的光谱分布与黑体不相同的辐射体称为选择性辐射体。

2. 相关辐射量

1）辐射功率

辐射功率就是发射、传输或接收辐射能的时间速率，用 P 表示，单位为瓦（W）。辐射在单位时间内通过某一面积的辐射能称为经过该面积的辐射通量 Φ_e，单位为焦耳/秒。辐射功率与辐射通量可混用。

2）辐射出射度

辐射出射度简称辐出度，是指辐射源单位面积向半球空间发射的辐射功率，用 M 来表示，单位为 W/m^2。它是辐射源所发射的辐射功率在源表面分布特性的描述：

$$E = \frac{\partial P}{\partial A} \quad W/m^2 \tag{23-1}$$

3）辐射亮度

辐射源在某一方向上的辐射亮度是指在该方向上的单位投影面积向单位立体角中发射的辐射功率，用 L 表示，单位为瓦特/（米^2·球面角），表示为 $W/(m^2 \cdot sr)$。它是辐射源发出的辐射功率在空间分布特性的描述：

$$L = \frac{\partial^2 P}{\partial A_\theta \partial \Omega} \quad W/(m^2 \cdot sr) \tag{23-2}$$

以上三个辐射量默认为包含了波长 $\lambda(0 \sim \infty)$ 的全部辐射的辐射量，因此称为全辐射量。如果我们关心的是在某特定波长 λ 附近的辐射特性，那么就可以在指定波长 λ 处取一个小的波长间隔 $\Delta\lambda$，在此小波长间隔内的辐射量 X（它可以是 P、E、L 等）的增量 ΔX 与 $\Delta\lambda$ 之比的极限，就定义为相应的光谱辐射量。例如光谱辐射出射度为 $E_\lambda = \frac{\partial M}{\partial\lambda}$，单位为 $W/(m^2 \cdot \mu m)$，也可根据换算关系写为 W/m^3。

3. 黑体辐射定律

1）黑体辐射的光谱分布——普朗克定律

普朗克定律（有时也称为普朗克公式）是黑体辐射理论最基本的公式。用黑体的光谱辐射出射度表示的形式为

$$E_{\lambda T} = \frac{C_1}{\lambda^5(e^{\frac{C_2}{\lambda T}} - 1)} \quad W/(m^2 \cdot \mu m) \tag{23-3}$$

其中，T 为黑体的绝对温度；λ 为波长；第一辐射常数 $C_1 = 3.74 \times 10^{-16}(W \cdot m^2)$；第二辐射常数 $C_2 = 1.439 \times 10^{-2}(m \cdot K)$。（K 指绝对温度的单位开尔文）

黑体光谱辐射亮度由式(23-4)给出，图 23.1 给出了 $L_{\lambda T}$ 随波长变化的图形。

$$L_{\lambda T} = \frac{E_{\lambda T}}{\pi} \quad W/(m^3 \cdot sr) \tag{23-4}$$

2）黑体的积分辐射——斯忒藩—波尔兹曼定律

此定律用辐射出射度表示为

$$E_T = \int_0^\infty M_{\lambda T}\,d\lambda = \delta T^4 \quad W/m^2 \tag{23-5}$$

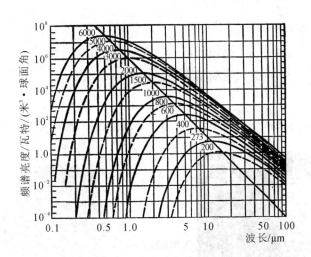

每一条曲线上标注的为黑体的绝对温度。与诸曲线
的最大值相交的对角直线表示维恩位移定律。

图 23.1　黑体的频谱亮度随波长的变化

其中，δ 为斯忒藩—波尔兹曼常数。$\delta = \dfrac{2\pi^5 k^4}{15 h^3 c^2} = 5.670 \times 10^{-8}$ W/(m^2 · K^4)，其中，k 为
波尔兹曼常数；h 为普朗克常数；c 为光速。

黑体辐射的辐射亮度与辐出度的关系为：$L = \dfrac{E_T}{\pi}$。因此，斯忒藩—波尔兹曼定律也可
以用辐射亮度表示为

$$L = \frac{\delta}{\pi} T^4 \ \text{W/(m}^2 \cdot \text{sr)} \tag{23-6}$$

3）维恩位移定律

将普朗克公式对波长求导数，并令导数等于零求得

$$\lambda_{\max} = \frac{A}{T} \tag{23-7}$$

其中，$\lambda_{\max}$ 为黑体光谱辐射出射度峰值对应的峰值波长；A 为常数，$A = 2.896 \times 10^{-3}$（m · K）。

维恩位移定律表明，$\lambda_{\max}$ 与它的绝对温度 T 成反比。随着温度的升高，$\lambda_{\max}$ 向短波方向
移动。

4. 传递函数

任何型号的光谱仪在记录辐射光源的能量时都受光谱仪的各种光学元件、接收器件在
不同波长处的响应系数影响，为扣除其影响，需要在测量未知光源辐射能量曲线前对设备
进行标定，习惯称之为计算传递函数。设备经过标定后，随后的测量结果表示已扣除了仪
器传递的影响。

三、实验仪器

本实验主要采用 RLE—RI06 型黑体实验装置进行光谱辐射能量的测量。

1. 仪器的基本组成

黑体实验装置由主机部分、溴钨灯电源、电控箱、计算机等组成，如图 23.2 所示。各部分的连线插头均唯一，不会出现插错现象。

2. 主机结构

主机主要由溴钨灯光源、光栅单色仪、出（入）射狭缝、接收器等部分组成。

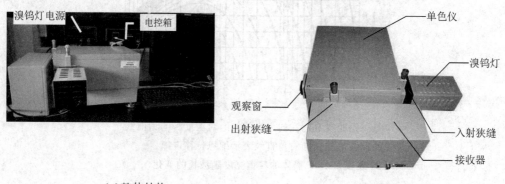

（a）整体结构 　　　　　　　　　　　（b）主机部分

图 23.2　RLE−RI06 型黑体实验装置

1）出（入）射狭缝

出（入）射狭缝为直狭缝，宽度范围为 0～2.5 mm，连续可调。顺时针旋转时狭缝宽度加大，反之减小。每旋转一周狭缝宽度变化 0.5 mm。为延长使用寿命，调节时应注意最大不超过 2.5 mm，平日不使用时，狭缝最好开到 0.1～0.5 mm 左右。

为去除光栅光谱仪中的高级次光谱，在使用过程中，操作者可根据需要把备用的滤光片插入入射狭缝插板上。

2）仪器的光学系统

光学系统采用 C - T 型，如图 23.3 所示。

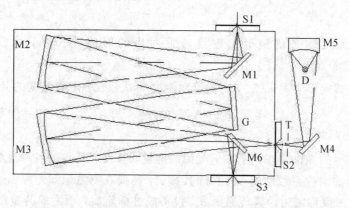

M1、M4—反射镜；M2—准光镜；M3—物镜；M5—深椭球镜；M6—转镜；
G—平面衍射光栅；S1—入射狭缝；S2、S3—出射狭缝；T—调制器

图 23.3　仪器的光学原理图

光源发出的光束进入入射狭缝 S1，S1 位于反射式准光镜 M2 的焦面上，通过 S1 射入的光束经 M2 反射成平行光束，投向平面光栅 G 上，衍射后的平行光束经物镜 M3 成像在

S2 上，再经 M4、M5 会聚在光电接收器 D 上。

M2、M3 的焦距为 302.5 mm。

光栅 G 每毫米刻线 300 条，闪耀波长为 1400 nm。

滤光片工作区间：第一片为 800～1000 nm；第二片为 1000～1600 nm；第三片为 1600～2500 nm。

3）仪器的机械传动系统

仪器采用如图 23.4(a)所示的"正弦机构"进行波长扫描，丝杠由步进电机通过同步带驱动，螺母沿丝杠轴线方向移动，正弦杆由弹簧拉靠在滑块上，正弦杆与光栅台连接，并绕光栅台中心回转，如图 23.4(b)，从而带动光栅转动，使不同波长的单色光依次通过出射狭缝而完成"扫描"。

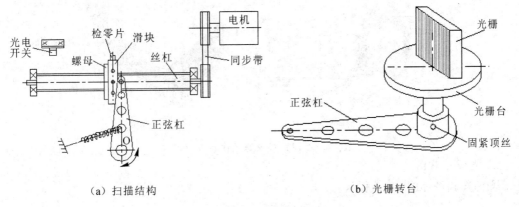

（a）扫描结构　　　　　　　　　（b）光栅转台

图 23.4　扫描结构图及光栅转台图

4）接收器

本实验装置的工作区间在 800～2500 nm，选用硫化铅（PbS）为光信号接收器（即探测器），从单色仪出射狭缝射出的单色光信号经调制器，调制成 50 Hz 的频率信号被 PbS 接收，选用的 PbS 是晶体管外壳结构，该系列探测器是将硫化铅元件封装在晶体管壳内，充以干燥的氮气或其它惰性气体，并采用熔融或焊接工艺，以保证全密封。该器件可在高温，潮湿条件下工作且性能稳定可靠。

3. 溴钨灯光源

本实验装置采用稳压溴钨灯作为光源，溴钨灯的灯丝采用钨丝制成，钨是难熔金属，它的熔点为 3665°K。钨丝灯是一种选择性的辐射体，设 ϵ_T 为溴钨灯在温度为 T 时的发射率，则其光谱辐出度为

$$R_{\lambda T} = \frac{C_1 \epsilon_{\lambda T}}{\lambda^5 (e^{\frac{C_2}{\lambda T}} - 1)} \tag{23-8}$$

本设备在出厂时针对配套用的钨灯光源，给出一套标准的工作电流与色温度对应关系的资料。

1）结构

光源系统采用电压可调的稳压溴钨灯光源，如图 23.5 所示。溴钨灯光源的额定电压值为 12 V，电压变化范围为 2～12 V。

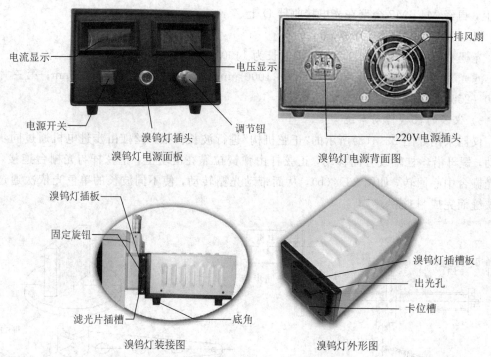

图 23.5 溴钨灯及滤光片插入结构

2）光源光路图

光源光路图如图 23.6 所示。

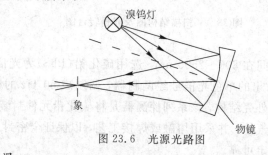

图 23.6 光源光路图

3）溴钨灯的色温

溴钨灯的工作电流与色温一一对应，在出厂时厂方已经标定过，不同设备的电流—色温对应值不尽相同，可参考具体的说明书。

4. 电控箱

电控箱（见图 23.7）控制光谱仪工作，并把采集到的数据及反馈信号送入计算机。

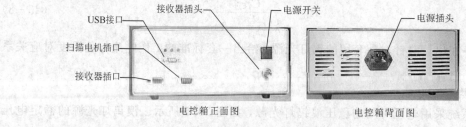

图 23.7 电控箱

四、实验内容及步骤

本实验主要是利用实验装置测量溴钨灯的光谱辐射能量曲线，并验证黑体的辐射定律：普朗克定律、斯忒藩—波尔兹曼定律及维恩位移定律。所有操作采用与实验装置相连的计算机来完成。

1. 测量溴钨灯的光谱辐射能量曲线

（1）根据仪器调整出入射狭缝宽度（默认为 0.2 mm），并检查各仪器接线是否正确。打开溴钨灯电源，旋转调节钮至电流显示为最小值。然后按下与主机相连的电控箱上的电源按钮，启动主机，预热 5 分钟。

（2）调整溴钨灯电源的电流值为色温为 2940K 时的电流值，即 2.5A，预热 0.5 小时。

（3）打开电脑，点击开始/程序/光谱仪 LYH－6 型黑体实验装置，启动实验软件。进入系统后，首先弹出如图 23.8 所示的友好界面。单击鼠标或键盘上的任意键，进入工作界面（如图 23.9 所示）。此时弹出一个对话框（如图 23.10 所示），让用户确认当前的波长位置是否有效、是否重新初始化。此处点击"取消，系统进行初始化，让波长位置回到 800 nm。

图 23.8　友好界面

工作界面主要由菜单栏、主工具栏、辅工具栏、工作区、状态栏、参数设置区以及寄存器信息提示区等组成，如图 23.9 所示。

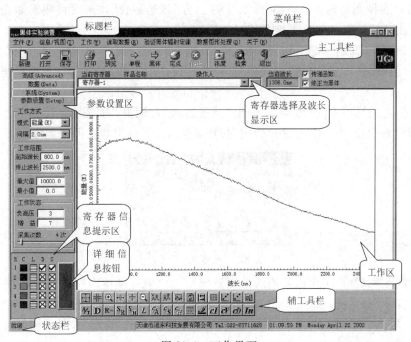

图 23.9　工作界面

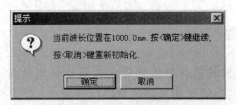

图 23.10 确定波长对话框

（4）在"参数设置区"中："工作方式"内的"模式"项选择"基线"；工作范围内的"起始波长"和"终止波长"选择默认值 800（nm）和 2500（nm），"最大值"选择"4000"；"工作状态"内的"增益"选择 3，其余为默认值。

注意：此时图 23.9 中右上方"传递函数"和"修正为黑体"都不应勾选，否则会造成计算错误。

（5）单击主工具栏中的"单程"，光谱仪即开始测量该状态下的光谱辐射能量曲线（此时界面上的坐标系中有测量曲线显示）。当测量结束时，光谱仪停止工作（光谱仪的振动声停止）。

2. 验证黑体辐射定律

（1）在菜单栏中点击"验证黑体辐射定律"菜单，选"计算传递函数"命令，弹出如图 23.11 所示的"警告"对话框，点击"是"按钮，并选择寄存器为 1，等待，直至弹出"传递函数计算完毕"对话框为止。

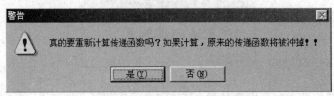

图 23.11 "警告"对话框

以后用户在做测量时，要将图 23.9 中右上方"传递函数"勾选后再测未知光源辐射能量线，此时测量的结果已扣除了仪器传递的影响。

（2）在如图 23.9 所示的工作界面的右上方勾选"传递函数"和"修正为黑体"。在"参数设置区"中：将"工作方式"内的"模式项"选择为能量；在"寄存器选择区"选择当前寄存器为寄存器 2。

（3）单击主工具栏中的"黑体"，弹出"温度输入"对话框，如图 23.12 所示。在对话框中输入光源的色温度 2940K，点击"确定"按钮，进行光谱辐射能量曲线测量。

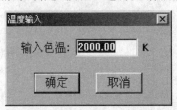

图 23.12 "温度输入"对话框

（4）曲线测完后（即工作区的曲线绘制完成），在"验证黑体辐射定律"菜单中选"归一化"，弹出"提示"对话框，如图 23.13 所示。点击"确定"按钮，弹出如图 23.14 所示的"输入"对话框，输入"3"作为存放归一化结果的寄存器。点击"确定"按钮，同时界面工作区出现红色曲线。

图 23.13　"提示"对话框　　　　　　　图 23.14　"输入"对话框

（5）在"验证黑体辐射定律"菜单中选"绝对黑体理论谱线"，弹出如图 23.12 所示的对话框。输入色温值 2940K 后，软件将自动计算出该温度下的绝对黑体的理论谱线，同时界面工作区出现黑色曲线，看黑色和红色曲线是否吻合。

（6）在"验证黑体辐射定律"菜单中选"普朗克辐射定律"，弹出如图 23.15 所示的对话框。单击"确定"按钮，工作区中出现""图标，当在工作区中点击鼠标左键时，系统将

图 23.15　"普朗克辐射定律"对话框一

光标定位在与该点横坐标最接近的谱线数据点上，并在数值框中显示该数据点的信息。用鼠标左键在不同位置点击，可以读取不同的数据点，也可使用←、→键移动光标读取数据点信息。单击 ENTER 键，弹出如图 23.16 所示的对话框。点击"计算"按钮，得出理论的光谱辐射度，如图 23.17 所示。记录验证点的温度值、理论值及实测值等信息，或将验证界面拍下作为实验结果之一附在实验报告中。

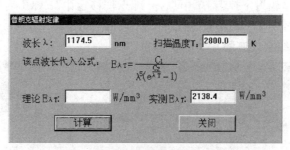

图 23.16　"普朗克辐射定律"对话框二

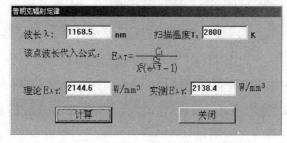

图 23.17　"普朗克辐射定律"对话框三

（7）在"验证黑体辐射定律"菜单中选择"斯忒藩—波尔兹曼定律"，弹出"选择"对话框，如图 23.18 所示。选择寄存器 2 和寄存器 3，点击"确定"按钮，弹出"提示"对话框，如图 23.19 所示。点击"是"按钮，弹出类似图 23.20 所示的计算结果页面。将该验证界面拍

下作为实验结果之二附在实验报告中。

图 23.18　"选择"对话框

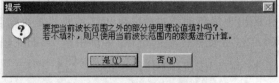

图 23.19　"提示"对话框

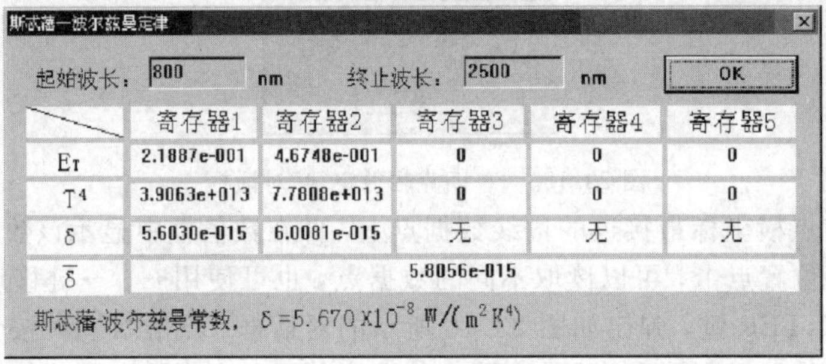

	寄存器1	寄存器2	寄存器3	寄存器4	寄存器5
Eт	2.1887e-001	4.6748e-001	0	0	0
T⁴	3.9063e+013	7.7808e+013	0	0	0
δ	5.6030e-015	6.0081e-015	无	无	无
δ̄	5.8056e-015				

起始波长：800 nm　终止波长：2500 nm　OK

斯武藩—波尔兹曼定律

斯武藩-波兹曼常数．$\delta = 5.670 \times 10^{-8} W/(m^2 K^4)$

图 23.20　计算结果

（8）在"验证黑体辐射定律"菜单中选择"维恩位移定律"，弹出对话框，如图 23.18 所示。选择寄存器 2 和寄存器 3，点击"确定"按钮，弹出如图 23.21 所示的结果页面。将该验证界面拍下作为实验结果之三附在实验报告中。

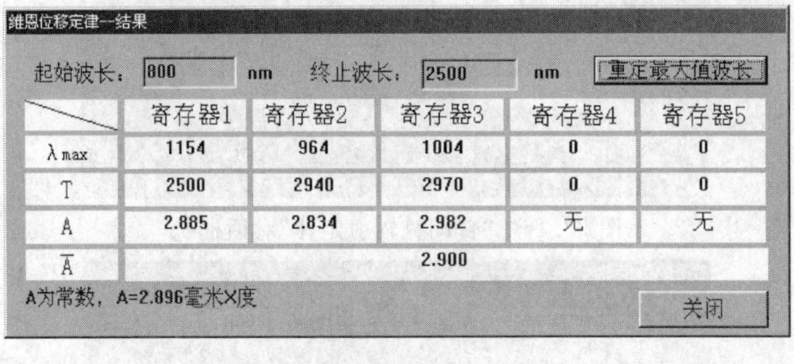

维恩位移定律—结果

起始波长：800 nm　终止波长：2500 nm　重定最大值波长

	寄存器1	寄存器2	寄存器3	寄存器4	寄存器5
λ max	1154	964	1004	0	0
T	2500	2940	2970	0	0
A	2.885	2.834	2.982	无	无
Ā	2.900				

A为常数，A=2.896毫米×度　　　关闭

图 23.21　维恩位移定律结果页面

由于噪声的原因，有时计算机自动检出的 λ_{max} 与实际的有差别，所以这时需要手动选择最大值的波长。点击"重定最大值波长"按钮，工作区中出现" "图标，当在工作区中点击鼠标左键时，系统将光标定位在与该点横坐标最接近的谱线数据点上，并在数值框中显示该数据点的信息。用鼠标左键在不同位置点击，可以读取不同的数据点，也可使用←、→键移动光标读取数据点信息。单击 ENTER 键，弹出如图 23.16 所示的对话框，重新选择的数据将被自动修改，并计算出新的结果。此步骤可重复使用。

（9）选择另一个小于 2940K 的色温点 B，调整溴钨灯电源的电流值为"溴钨灯的色温表"中色温为所选色温值时的电流值。同时将出、入射狭缝宽度适当调宽(约增加 0.01～0.03 mm),重复上述步骤,并拍照保存验证结果。

　　注意: 此时在温度输入界面(图 23.12)中应输入色温值 B。

　　(以下为关机步骤。)

　　(10)实验内容完成后,将系统的波长位置调整到 800 nm 处,使机械系统受力最小。操作步骤为:在主工具栏中点击"检索"按钮,弹出如图 23.22 所示的"输入"对话框。输入数值"800"后,单击"确定"按钮,系统将显示如图 23.23 所示的"波长检索"提示框。当提示框自动消失时,当前波长移至用户所输入的位置。

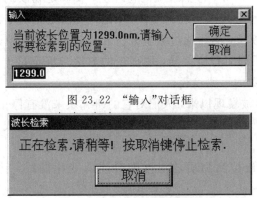

图 23.22　"输入"对话框

图 23.23　"波长检索"提示框

　　(11)点击"退出"按钮,关闭应用软件,然后按下电控箱上的电源按钮和溴钨灯电源按钮,关闭仪器电源。

五、数据处理

　　将三大定律的相关验证信息作为实验数据,附在实验报告中。

六、思考与讨论

　　(1)简述黑体三个辐射定律之间的关系。

　　(2)分析可能影响实验结果的因素。

七、参考文献

　　[1] 张建奇. 红外物理. 西安:西安电子科技大学出版社,2012.

　　[2] 吴宗凡,等. 红外与微光技术. 北京:国防工业出版社,1998.

　　[3] 黑体辐射特性测量实验装置使用说明书. 北京杏林睿光科技有限公司.

实验二十四　物质热扩散系数测量

热扩散系数是反映物质导、散热性能的物理量，要确定物质的热扩散系数一般可通过理论计算和实验测定两种途径来实现。其中，理论计算法是先确定物质的导热、散热机理，分析导热、散热的物理模型，然后通过数学分析和计算来得到。但是由于热扩散系数因物质成分、质地、结构的不同而有所差异，用理论的方法来确定是十分困难的，因此实验测定是确定物质热扩散系数的重要途径。

红外辐射自 1800 年被发现以来，人们对它的研究从来没有停止过，目前已经开发出了众多的应用产品。红外热像仪是接收物体发出的红外辐射并转化成与红外辐射分布相对应的图像进行显示的仪器。人们可以利用这一设备进行非接触测温。本实验利用热像仪的非接触测温原理，通过测量被测物质的温度随时间的变化曲线，计算获得物质的热扩散系数。

一、实验目的

（1）深刻理解物体的红外热成像原理和热传导过程。

（2）掌握利用热像仪设计、测量物体温度以及求解热扩散系数的方法。

（3）学习利用热像仪进行非接触测温的技巧。

（4）拓展研究红外热成像在侦查、设备检测等方面的应用。

二、实验原理

1. 红外辐射

自然界中一切温度高于绝对零度的物体，每时每刻都辐射出红外线。红外线又称红外辐射、红外光，是物质分子在其振动状态发生改变时辐射出的电磁波，波长在 $0.7~\mu m$ 到 $1000~\mu m$ 之间，可分为近、中、远、极远红外区。

物体所发出的红外辐射能量与物体的温度、发射率、工作波段、环境等有关。以辐射出射度（指辐射源单位面积向半球空间发射的辐射功率，简称辐出度）为例，物体在某波段 $\lambda_1 \sim \lambda_2$ 的辐出度可表示为

$$M = \int_{\lambda_1}^{\lambda_2} \varepsilon_{\lambda T} a_\lambda M_\lambda \mathrm{d}\lambda = \int_{\lambda_1}^{\lambda_2} \varepsilon_{\lambda T} a_\lambda \frac{C_1}{(\mathrm{e}^{\frac{C_2}{\lambda T}} - 1)\lambda^5} \mathrm{d}\lambda \qquad (24-1)$$

其中，$\varepsilon_{\lambda T}$ 为物体的发射率（也称比辐系数），其值与工作波长及物体温度有关，有时也可近似认为是小于 1 的常数；a_λ 为辐射传输路径上的透过率，该值与环境温度、湿度、传输距离

等参数有关；C_1 和 C_2 为常数；T 为物体的绝对温度，单位为 K(开尔文)。

2. 热像仪的工作原理

红外辐射有几个特定的波长范围对大气有较好的穿透性，称为"大气窗口"。红外热成像技术就是在红外波段 $3.0\sim6.0\ \mu m$ 和(或)$8.0\sim14.0\ \mu m$ 两个大气窗口，利用场景中物体和环境之间温度与发射率的差异会产生不同的热辐射对比度，进而把红外辐射能量分布以图像的形式显示出来，即"热像"技术。热像仪就是测量目标所发出的红外辐射并获取目标热图像的仪器。为了实现上述功能，热像仪选用对红外辐射敏感的探测器，利用其把红外辐射转变为电信号，电信号和红外辐射的强弱一一对应。为了得到反映目标红外辐射的可见图像，实现从电信号到光信号的转换，热像仪将反映目标红外辐射分布的电子视频信号通过显像系统在显示屏上显示出来。系统的基本组成示意图如图 24.1 所示。

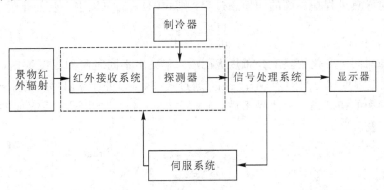

图 24.1　热像仪组成示意图

热像仪中的红外探测器可以采用热探测器或光子探测器。当采用光子探测器时，系统需要制冷器来降低探测系统的温度；当采用热探测器时，不需要制冷器，仪器在常温下即可工作。热像仪的成像系统一般有两种成像方式：扫描式和非扫描式。光机扫描成像系统采用单元或多元红外探测器。由于具有扫描机构，这类热像仪的帧幅响应时间不够快，成像速度慢。非扫描成像的热像仪采用凝视成像的焦平面阵列探测器，无需扫描机构，一般在性能上优于光机扫描式热像仪，发展趋势是逐步取代光机扫描式热像仪。焦平面热像仪的关键技术是由单片集成电路组成探测器阵列，被测目标可以充满整个视场。这种仪器小巧轻便，图像更加清晰，同时经过扩展可以具有连续放大，自动调焦，图像冻结。点温、线温、等温显示和语音注释图像等功能。

3. 红外测温原理

由式(24-1)可看出，在已知物体的发射率、测量波段、环境温湿度、工作距离等参量的情况下，通过测量物体的辐射量，就可确定物体的温度，这就是红外辐射测温的基本原理。

4. 物质的热扩散系数

热扩散系数是主要的热物性参数之一。目前在已建立的各种测量方法中，根据其传热特点大致可分为稳态法和瞬态法。稳态法的测定需要在恒定的温度下对被测物体长时间预热，所需时间较长，而且为了弥补测试过程的热损失，测量装置比较复杂。瞬态法是利用在瞬态传热过程中被测材料的温度随时间的变化关系来测量的，具有测试快捷简便等特点。

对于一三维固体，如果导热特性为各向异性，则瞬时导热微分方程可以表示为

$$pc \frac{\mathrm{d}T}{\mathrm{d}t} = \frac{\partial}{\partial x}\left(\gamma_x \frac{\partial T}{\partial x}\right) + \frac{\partial}{\partial y}\left(\gamma_y \frac{\partial T}{\partial y}\right) + \frac{\partial}{\partial z}\left(\gamma_z \frac{\partial T}{\partial z}\right) + Q \tag{24-2}$$

式中，Q 为物体的内热源；T 为温度；t 为时间；p、c、γ 分别为物质的密度、比热以及导热系数。如果物质无内热源且导热特性为各向同性，则式（24-2）可简化为

$$\frac{\partial T}{\partial t} = a \nabla^2 T \tag{24-3}$$

其中，a 为热扩散系数，其值与物质的密度、比热以及导热系数有关。

如果瞬时导热过程是一维的非稳态过程，则式（24-3）可以进一步简化为

$$\frac{\mathrm{d}T}{\mathrm{d}t} = a \frac{\mathrm{d}^2 T}{\mathrm{d}x^2} \tag{24-4}$$

在测得随时间 t 变化的温度分布热像图后，采集出不同时间的温度数据，根据导热逆问题原理，确定温度和时间的函数关系后，通过式（24-4）可计算出物体的热扩散系数 a。

根据热导率的初试条件和边界条件，通过式（24-4）推导出试样后表面的温度随时间的变化关系，表示为

$$\frac{T(L,t)}{T_m} = 1 + 2 \sum_{n=1}^{\infty} (-1)^n \exp\left(-\frac{n2\pi2\alpha t}{L}\right) \tag{24-5}$$

其中，L 为试样厚度，单位为 m；T_m 为试样的后表面温度的最大值，单位为℃。

当 $T(L,t) = 0.5T_m$，$t = t_{1/2}$（$t_{1/2}$ 为试样后表面温度从室温达到 $0.5T_m$ 时的对应时间）时，热扩散系数为

$$a = \frac{1.37L^2}{\pi^2 t_{1/2}} \tag{24-6}$$

通过测量获得试样厚度 L 和 $t_{1/2}$，就可以由计算获得试样物质的热扩散系数。

三、实验仪器

本实验所用仪器包括：加热台、红外热像仪、黑体测试块（若干）、支杆、导轨、湿温度计等。

加热台、热像仪、黑体及测试块分别如表 24.2～24.5 所示。

图 24.2　加热台

图 24.3　热像仪

图 24.4　黑体

图 24.5　测试块

1) 黑体

黑体也称绝对黑体，是一个理想化的物体，它能够吸收外来的全部电磁辐射，并且不会有任何的反射与透射。黑体所辐射出来的电磁波与光线称做黑体辐射。黑体的比辐系数（即发射率）是常数，值为 1。黑体在某波段的辐出度只与黑体的温度有关。随着温度的上升，黑体辐射不断增强。

黑体有圆柱形、圆锥形、球形以及其它轴对称旋转体组合，特殊情况也采用非轴对称旋转体，可变温度模拟黑体的加热方式有电阻加热、循环液体加热以及使用不同材质的热管加热。保温层可以用绝热材料，也可以用辐射反射屏。冷却方式有水冷或风冷。控温或测温元件通常是热电偶或电阻温度计。

黑体的主要组成部分包括辐射腔体、腔体外面的保温绝缘层和无感加热丝。腔体和加热丝都装在具有保护层的护体内，为了热屏蔽加入铜热屏蔽罩；为了测量和控制温度还装有感温元件。不同用途的黑体结构也不完全相同。图 24.6 为本实验所用黑体的结构图。

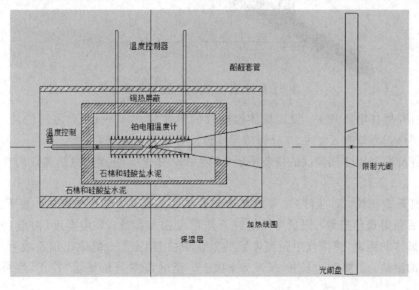

图 24.6　黑体型辐射源典型结构

2) 测试块

(1) 判别说明：紫铜最重，铁次之，铝最轻。另外铜铁表面处理无法做彩色氧化，铝可以，因此红色和蓝色块均为铝块。

（2）测试块表面粗糙度：上表面粗糙度均为 0.8 μm；下表面根据测试块表面小孔的个数不同（如图 24.7 所示），1、2、3 个孔依次表示 1.6 μm，3.2 μm，6.4 μm 粗糙度。

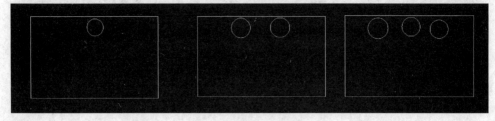

图 24.7　测试块标识

四、实验内容及步骤

1. 阅读说明书

阅读黑体辐射源、恒温加热台的使用说明书，学会黑体及加热台的温度设定方法。

2. 黑体温度的测量

（1）按照图 24.8 安装各器件，将热像仪红外镜头对准黑体靶面。

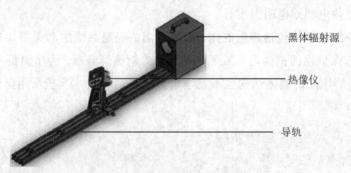

———— 黑体辐射源

———— 热像仪

———— 导轨

图 24.8　黑体温度测量安装示意图

（2）打开黑体电源开关，设定黑体温控仪的温度为 90℃～110℃ 之间的某一温度（如 100℃），加热指示灯亮，大约 20 分钟后黑体温度升至设定温度并稳定。

（3）等待期间阅读热像仪的快装手册（或使用说明书），重点熟悉热像仪的参数设置及测温操作。

（4）打开镜头盖，对准目标，手动调节热像仪镜头焦距，使成像清晰，按下 A 键进行自动校正后获得最佳热像。记录并设定红外热像仪相关参数：环境湿度（由湿度计读出）、热像仪到黑体的距离（热像仪中距离参数的默认单位是"米"）、黑体比辐系数＝1。为了得到更精确的测量，需要时可长按 A 键 5 s 以上，至屏幕左上角显示"校正"字样，进行自动校正。

（5）热像仪上选定测温模式为"最高点"或增加测温区域，记录黑体测量温度，并与黑体设定温度进行比较。若想对当前热像进行详细测温，也可按 S 键冻结图像，然后在屏幕上进行分析。

（6）测量完毕后，将黑体温度设定为 0℃，10 min 后关闭黑体电源开关。

3. 物体热扩散系数的测量

(1) 按图 24.9 安装各仪器,分别固定加热台、红外热像仪,使热像仪光轴与加热台表面相互垂直,尤其是测量发射率小于 0.9 的物体时。

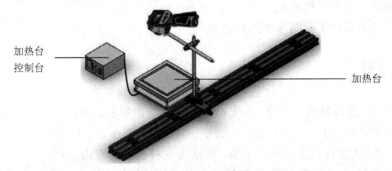

图 24.9 被测物体温度测量安装示意图

(2) 选择红色或蓝色的铝块为被测材料,记录并设定红外热像仪相关参数:环境湿度(由湿度计读出)、距离(为热像仪到加热台的距离再减去被测材料的厚度)、材料的比辐系数=0.94。

(3) 设定加热炉温度 T_0 为 100℃,待加热板温度恒定时(10 min 左右,"升温指示灯"闪烁表明进入恒温状态),在热像仪软件界面上选取该区域,然后将待测材料迅速放在加热台上,并保证热像仪能读取到该材料的测量温度,同时开始记录该材料上表面温度从常温到 T_0 时,待测物体上表面温度 T 随时间 s 的变化(材料表面升温速度较快,约 1 s 一次,可以先用手机记录下温度变化的全过程)。

(4) 根据测量数据拟合 T-s 的关系式,找出 $t_{1/2}$,带入式(24-6)计算出该温度下的热扩散系数。

(5) 测量结束后,先关闭加热台"升温开关",此时"电源指示灯"依然常亮,可以间接性警示设备依然在工作,请勿触碰工作面板。待表面工作面板彻底冷却后(建议半小时),再关闭"电源开关"。用长镊子从加热台上取下待测材料(夹住),关闭热像仪开关盖上镜头盖。

(6) 分析测量数据,检查并整理测量仪器。

注意:

(1) 当发射率低于 0.9 时,尽量使热像仪设备垂直于物体表面。在任何情况下,入射角都不得超过 30°。

(2) 不可用手直接接触加热台发热板,以免烫伤。

(3) 加热台设备有风冷散热装置,切勿堵塞设备侧面进风口。

五、数据处理

(1) 记录热像仪设定参数,测量时的黑体设定温度、热像仪显示温度、计算误差。

(2) 记录被测材料上表面温度从常温到加热台温度 T_0 时,待测物体上表面温度 T 随 s 时间的变化,拟合 T-s 曲线,找出 $t_{1/2}$,计算出材料的热扩散系数。

六、思考与讨论

（1）简述热像仪的工作原理。

（2）分析可能影响实验结果的测量因素。

七、参考文献

［1］张建奇. 红外物理. 西安：西安电子科技大学出版社，2012.

［2］吴宗凡，等. 红外与微光技术. 北京：国防工业出版社，1998.

［3］LT3/LT7 红外热像仪用户手册. 浙江大立科技股份有限公司.

［4］红外成像系统参数评测与工程实验装置使用说明书. 北京杏林睿光科技有限公司.

实验二十五　立体图像舒适性评价

立体图像能够提供丰富的三维信息,增加了人们的临场感,但是观看三维(3D)立体影像引发的视觉疲劳也非常明显。若立体图像设计的不合适,人们观看时的舒适感将降低,因此立体图像舒适性评价实验也称为三维显示视觉疲劳度测量实验。

一、实验目的

(1) 深刻理解立体视觉的产生机理。

(2) 掌握人眼视觉疲劳度的测量方法。

(3) 学习分析影响 3D 观看舒适度的因素。

(4) 拓展研究舒适性评价在立体显示系统设计中的应用。

二、实验原理

与一般的平面图像相比较,立体图像能够提供更丰富的三维信息,观看者可以通过大脑融合的左右立体影像,判断出物体的远近、纵深、相对位置和分布状况,这将大大增强人们的临场感,而且极具冲击力的视觉效果在一定程度上给予人们感官上很好的视觉体验。

1. 立体视觉

人在观看空间物体时,单眼和双眼都可以获得深景觉,产生立体视觉。但是双眼视差的辨别精度比单眼观看,主体感强烈得多。立体视觉可分为两大类:单眼立体视觉和双眼立体视觉。单眼获得立体信息的因素有以下几种。

1) 调节、辐辏及三联动

调节是指眼睛调整其屈光能力以至于看清物体。在观看距离不同的物体时,眼睛需要改变睫状肌的张弛程度来改变眼球晶状体的曲率,以达到成像清晰,如图 25.1 所示。当调节于远处时,远处的物体成清晰的像,近处的物体模糊;当调节于近处时,近处的物体成清晰的像,远处的物体模糊。大脑根据睫状肌的张弛程度来感知物体的距离远近。调节立体感知的距离超过 5 m 将会失效。

辐辏是指眼睛调整其视线的夹角来对准物体,以达到双眼单视,获得最好的立体视觉,如图 25.2 所示。当辐辏于远处时,双眼向外张开;当辐辏于近处时,双眼向内收敛。这个过程也能确定物体与自身距离的远近。

眼的三联运动是指调节、辐辏和瞳孔大小变化的协调联动。当调节由远到近时,睫状肌收缩,晶状体变凸,屈光度增加,使得焦点落于视网膜上;与此同时眼睛内旋,增加辐辏

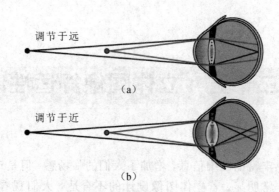

调节于远

（a）

调节于近

（b）

图 25.1　眼睛的调节作用

量，使得焦点落于视网膜中心凹处；同时也伴随着瞳孔缩小，这样会使焦深上升，然后眼睛根据焦点的深度对调节量进行控制，这样眼睛就能看清楚近处物体了。

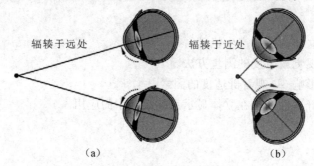

辐辏于远处　　　　　　　辐辏于近处

（a）　　　　　　　　　　（b）

图 25.2　眼睛的辐辏作用

2）运动视差

当观看者或被观看目标对象存在相对运动时，视线方向产生一系列的连续变化，视网膜上的图像也不断变化，通过时间顺序的图像间存在着视差，大脑通过比较而形成立体视觉。单眼运动视差形成立体感知的有效距离为 300 m 以内。

3）视网膜成像的相对大小

在观看距离不同的情况下，同样大小的物体，在视网膜上的成像大小是不一样的，距离越远，视网膜上的像越小。大脑通过比较视网膜图像的相对大小可以判断物体的远近关系。这一因素的立体感知有效距离为 500 m 以内，如图 25.3 所示。

图 25.3　物体远小近大

4）线性透视

通常人们感知上所有的平行线或者边缘线都会在远处有会聚，如铁轨、电线等，如图 25.4 所示，两个球的大小是一致的，但是感知到的是图片上方的球要明显大于下方的球。远处的物体发出的光线由于受到空气的散射变得朦胧，对比度将下降，形成空气透射。主观感知上，我们会认为朦胧的物体更加远离我们。

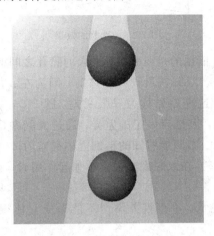

图 25.4　两个球大小一样吗？

5）视野

人眼水平方向的视野约 220°，垂直方向的视野约 130°，成一个椭圆形。而一般的显示仪器都有边框处于视野中，将大大减弱身临其境感的立体视觉。通过增大屏幕或者使边框不清楚，可以增强立体感。例如，巨幕电影的立体感要比一般银幕的强，而全景电影的立体感则更加强些。

6）光和阴影

物体上阴影和光亮的适当分布就能够增强立体感。因此，给二维图形添加阴影和光亮后，能产生三维的立体感觉，如图 25.5 所示，一眼就能够判断物体的凹凸。

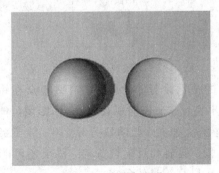

图 25.5　光影与凹凸

7）重叠

重叠（也有称为物间穿插）能增强立体感。如图 25.6 所示，左图的图形可以看成平面，也可以看成立体，而且容易导致立体错觉；右图部分线条被遮挡，其余的都没有变化，但是立体感增强了，立方体的视觉效果明显了。

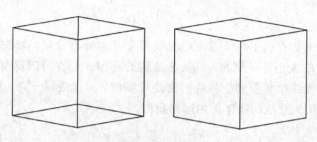

图 25.6　重叠的效果

　　双眼获得立体信息主要依据的是双眼视差：人的瞳孔之间的距离约为 58～72 mm，西方人相对于东方人要大一点。双眼在看同一物体时，因为左、右两眼视线方位不同，从而导致两眼的成像略有差异，这种差异称为双眼视差。图 25.7 是人眼观测四棱锥的情况，左、右眼能看到前面两个面，但是有一定的差异，通过大脑融像，所感知的物体如同在正前方所见的一样。人眼黄斑中心凹能感知的精细立体视差为 $2''$～$1200''$。视网膜周边能感知的粗略立体视差为 $0.1°$～$10°$。在双眼视差因素单独起作用时，视距超过 250 m，人眼就失去立体感。

　　水平视差能形成立体视觉，垂直视差不但不能形成立体视觉，而且阻碍立体视觉的形成。

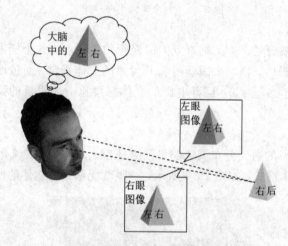

图 25.7　人眼观测四棱锥的情况

　　观看 3D 立体影像引发的视觉疲劳非常明显。有些观众在短时间观看 3D 立体电影就会出现恶心、呕吐、头晕等不良反应；长期观看 3D 立体影像可能会造成立体感知测试的失败，有时会出现头痛、视力模糊、复视、眼睛疲劳等症状。视觉疲劳可能导致的危害非常严重，不仅会使颈肩部肌肉紧张、酸痛和反射性头痛，甚至还可能降低免疫力，对致病因素缺乏抵抗能力，严重时会导致早衰等身体危害。

　　2. 视觉疲劳产生的可能原因

　　人眼在观察实际物体时，焦点调节和辐辏是一致的，而在观察两眼视差式立体影像时，人眼发生的辐辏是由立体显示造成双眼视差而诱发的，此时焦点调节和辐辏不一致，由此在两者之间造成了矛盾（如图 25.8 所示）。虽然由焦点调节和辐辏所带来的矛盾的深度信息引发视觉疲劳的原理尚不十分明确，但有以下两点已得到业界的公认和肯定：

　　第一，在观看立体影像时，由于辐辏和焦点调节的不一致，只有通过加紧焦点调节才可以看清楚体视融像，严重增加了睫状肌的负荷，容易引发视疲劳；

　　第二，由于在现实世界看到的物体和体视融像不相同，接收这些不自然的视觉信息会使人脑处理信息混乱，长时间处于这种不自然的状态，将会导致映像眩晕和视觉疲劳等。

　　此外，3D 显示所导致的串扰（即重影）也是可能导致视觉疲劳的重要成因。

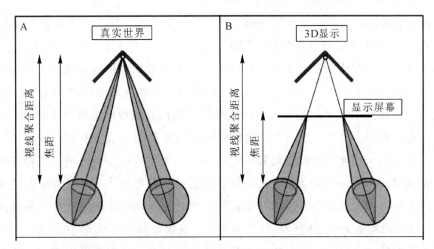

图 25.8　实物观看和立体观看时辐辏与焦点的调节

3. 视觉疲劳的测量手段

测量视觉疲劳和视觉不舒适的方法可分为主观测量和客观测量两种。

1）主观测量

主观测量要求被试者在观看 3D 图像后完成主观问卷、自述等。视觉疲劳作为一种主观的生理现象，用主观测量的方法能够真实反映被试者的感受。但是视觉疲劳现象包括的范围较广，而且因人而异。

2）客观测量

客观测量主要针对的是生理信号、客观作业等。这种测量方法最大的难处就是找到视觉疲劳相对应的生理信号。但是视觉疲劳是一种主观方面的感觉，它是很多因素的叠加，用生理仪器测量将导致片面性。所以需要尽可能将所需测量的生理信号与可能产生误差的干扰隔离，使得该生理信号仅受 3D 显示中某一特性指标的影响。测量手段可分为以下几种：

　　（1）客观作业。客观作业，也称数字校对，是沿用心理学测量的一种方法，利用人在疲劳状态下大脑工作能力下降的原理进行作业。一般客观作业的流程是，实验人员（也称为主试者）预先设计一个二维数组作为客观作业（也叫数字量表）。该数组的列数为 2，行数若干，同一行内的两个单元的数字一致或非常近似。被测试者在完成相应的实验刺激后，阅读数字量表，并判断同一行两个单元内的内容是否一致。通过统计整个作业的识别准确率，评价被测试者的视觉疲劳程度，识别准确率越高代表疲劳度越低，反之则代表疲劳度越高。按照实际需要，可有若干套不同的数字量表供实验中随机选做。为了减少因为熟练程度带来的误差，在正式实验前被测试者将有一个熟悉客观作业的训练过程。数字量表的示例如下：

76851	76851	(√)
25842	25342	(×)

本实验主要采用客观作业来测量视觉疲劳的程度。

（2）视力表检测。人眼的空间视锐度、晶状体调节能力、瞳孔大小等参数都是能够直接影响人眼观察物体能力的重要参数，但这些参数其实并不容易被测量和评估。所以视力表就应运而生，目前常用的视力表有国际标准视力表和兰氏环形视力表。不管使用何种视力表，在实验观测前后各测一次视力，都是一种能有效反映视疲劳程度变化的检测手段。

本实验也可采用兰氏环形视力表辅助或替代客观作业作为检测视觉疲劳的手段。

（3）闪光融合频率检测。当一个间歇频率较低的光刺激作用于我们眼睛时，就会产生一种一亮一暗的闪烁感觉，随着光刺激的间歇频率逐渐增大，就会由粗闪变成细闪，当每分钟闪光的次数增加到一定程度时，人眼就不再感到是闪光而是一个完全稳定的或连续的光。这一现象称为闪光的融合。闪烁刚刚达到融合时的光刺激间歇频率称为闪光融合频率(CFF)。它是人眼对光刺激时间分辨能力的指标，是物理刺激与生理心理机能相互作用的结果，是受刺激的时空因素以及机体状态制约的感觉过程。目前有研究表明，长时间观看3D显示，会使人眼闪光融合频率下降，并伴有多种疲劳症状的产生和增加。

三、实验仪器

本实验所用仪器包括：偏振式 3D 显示器、3D 眼镜、控制计算机、颚托、数字量表(若干)。

四、实验内容及步骤

（1）对被试者进行客观作业测试的模拟训练，以消除操作不熟练带来的测试误差：

① 主试者打开显示器桌面上的"三维显示视觉疲劳测试"文件夹下的"数字量表示例"文件夹中的任意一个 excel 表格，如"数字量表示例 1. xls"文件，让被试者在限时一分钟内判断相邻两个数组是否一致，认为一致则在表中第三栏内记录为"1"，不一致则记录为"2"。限时结束时，不管被试者是否完成数字量表问卷上的全部题目，均结束对数字量表的判读。测试时间为 1 min。然后将表格另存为一新文件。

② 完成步骤①后，关闭"数字量表示例 1. xls"及新文件。同时打开"数字量表示例"文件夹中的另一个 excel 表格并最小化备用。

③ 双击桌面上的"ShowImg"图标，点击"打开图像"，选择"二维显示视觉疲劳测试"文件夹，出现提示框"C:\ Documents and Settings\ Administrator \桌面\ 三维显示视觉疲劳测试"，选择"测试用图"文件夹或"正式使用图片"中的某文件夹，点击"确定"按钮，此时界面上出现一幅图，最后点击"全屏显示"按钮，切换屏幕进入立体工作状态，显示对应的立

体图像。

④ 在屏幕中心前方 70 cm 处放置颚托，被试者佩戴 3D 眼镜。并将下颚放置在颚托上，调整颚托高度，使得被试者可以水平直视屏幕中心。观看此时屏幕上的立体图像两分钟后，点击键盘左上角的"Esc"退出键，然后立即去掉眼镜并打开备用的数字量表 excel 文件，进行与步骤①一致的 1 min 数字比较测试。

⑤ 测试完毕，让被试者离开颚托，闭目休息或者远眺绿色植物 5 min，释放视觉疲劳。

注意：被试者应根据时间进行 2 或 3 次该模拟训练，以便熟悉客观作业的操作。

（2）开始进入正式测试环节。打开桌面上的"三维显示视觉疲劳测试"文件夹，随机在"测试用数字量表"文件夹中抽取一份数字量表，让被试者进行该视差条件下（实验前）的数字比对测试，测试的条件与步骤①相同。将结果表格另存为一新文件，同时打开"测试用数字量表"文件夹中的另一个 excel 表格并最小化备用。

（3）双击桌面上的"ShowImg"图标，点击"打开图像"，选择"三维显示视觉疲劳测试\正式使用图片"文件夹，选择"出屏 8cm"或"出屏 24cm"文件夹中的某一个，出现提示框"C:\Documents and Settings\Administrator\桌面\三维显示视觉疲劳测试\出屏 * cm"，点击"确定"按钮，此时界面上出现一幅图，点击"←"或"→"键，可选择不同的图像。最后点击"全屏显示"按钮，切换屏幕进入立体工作状态，显示该立体图像。

（4）让被试者佩戴好 3D 眼镜，并将下颚放置在 70 cm 远的颚托上，观看此时屏幕上的立体图像 5 min，然后立即去掉眼镜，打开备用的数字量表 excel 文件，进行与步骤①一致的 1 min 数字比较测试。1 min 测试结束后将结果另存为一个新的结果文件。

（5）让被试者离开颚托，闭目休息或者远眺绿色植物 5 min，缓解视觉疲劳。

（6）更换另外一组视差（如"出屏 20 cm"）的立体图片，重复步骤（4），测试结束后将结果保存。同时被试者离开颚托，休息 5 min，缓解视觉疲劳。

（7）选择"出屏 8 cm"～"出屏 24 cm"文件夹中的某一幅立体图像观看 5 min 后，立即更换另一幅立体图像再观看 5 min，然后马上去掉 3D 眼镜，进行与步骤①一致的 1 min 数字量表测试，测试结束后将结果保存。同时被试者离开颚托，休息 5 min，缓解视觉疲劳。

（8）将颚托前移至屏幕中心前方 40 cm 处放置并固定。选择与步骤（7）中相同的出屏距离文件夹下的某一幅立体图像观看 5 min，然后马上去掉 3D 眼镜，进行与步骤①一致的 1 min 数字量表测试。测试结束后将结果保存。

注意：

（1）主试者帮助选择不同视差测试图像，被试者不需要清楚所做测试对应的视差，以避免心理暗示对测试结果的影响。

（2）观看立体图像时，要尽量调整眼睛的状态使能看出 3D 效果。

五、数据处理

（1）统计正式测试中每张数字量表的判别正确率及 1 min 的测试数据对个数。

（2）用同一视差条件下的测前判别正确率减去测后判别正确率，得到判别正确率的变化差值。

（3）填写主观感觉调查表（见表 25.1）。

表 25.1　疲劳度测试量表

请您回忆在刚刚测试过程中是否出现以下症状，请根据自己的感觉为每一项症状评分，最低为 0 分，最高为 6 分，表示从"完全没有这样的感觉"至"感觉特别明显"的程度递增状态：							
请评价您在观看 3D 图像时出现以下症状的程度	0	1	2	3	4	5	6
1. 眼睛感到疲倦							
2. 眼睛感到不舒适							
3. 眼睛感觉疼痛							
4. 眼睛感觉酸胀							
5. 眼睛周围有被拉扯的感觉							
6. 感觉头痛							
7. 感觉困倦							
8. 出现流汗							
9. 出现恶心、想呕吐							
10. 感觉眩晕							
11. 视力变模糊或感觉失去焦点							
12. 心不在焉、不想继续测试							
请评价您在客观作业任务时出现以下症状的程度	0	1	2	3	4	5	6
1. 感觉无法集中注意力							
2. 无法记住所看到的内容							
3. 出现复视（两个画面）							
4. 阅读时所看到的字出现移动、跳动、晃动或浮在页面上							
5. 阅读速度较慢							
6. 阅读时必须重复同一行文字							

六、思考与讨论

根据测量结果，分析不同测试条件下的视觉疲劳状态，说明不同条件对视觉的影响程度。

七、参考文献

［1］王琼华. 3D 显示技术与器件. 北京：科学出版社，2011.

［2］三维摄像与显示综合实验装置. 北京杏林睿光科技有限公司.

实验二十六　双目立体视觉获取及参数测量

人在观看空间物体时，单眼和双眼都可以获得深景觉，产生立体视觉，因此立体视觉可分为两大类：单目立体视觉和双目立体视觉。

一、实验目的

(1) 深刻理解人眼的成像特性和立体显示的成像原理。

(2) 掌握视差式立体显示成像系统的实现方法。

(3) 掌握 Pamum 融像区大小的测量方法以及立体图像出屏距离的计算方法。

(4) 学习平行光轴式和会聚光轴式立体图像的拍摄技能。

(5) 拓展研究双目立体视觉在显示技术中的应用。

二、实验原理

有关人眼立体视觉的形成原理，请参考实验二十五"立体图像舒适性评价"实验中的相关介绍，这里不再重复。

1. 偏振式 3D 显示技术(光分法 3D)

光分法可分为两种：投影式和平面式。这两种方法都是利用光的偏振性，通过偏光滤镜滤除特定角度偏振光外的所有光，实现立体图像对的分离。

投影式光分法如图 26.1 所示，左眼图像光信号的偏振方向为 0°，右眼图像偏振方向为 90°(也有 45°和 135°的搭配)，再加上特定的偏振眼镜，实现视差图像的分离。

平面式光分法如图 26.2 所示，它在液晶平面显示的基础上，将原有液晶面板前端的单向偏振滤光片改为隔行排布的双向偏振滤光片。其奇偶数行的偏振滤色片的方向相反，恰好与辅助眼镜的双目镜片的方向一致，所以立体图像对可以通过眼镜进行分离。

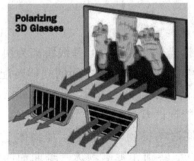

图 26.1　投影式光分法原理图

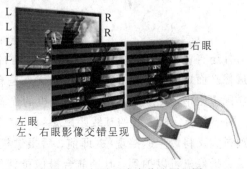

图 26.2　平面式光分法原理图

早期的光分式 3D 显示技术使用线性偏振光作为承载图像对的光线。由于线性偏振光的偏振方向不变,光传输的角度固定,所以会出现头部不能移动的问题。而圆偏振技术由于光的偏振方向旋转变化,使得左右眼看到的光的偏振以相反方向旋转,因此,改进后的光分法利用圆偏振技术,观察者的头部可以自由移动而不影响图像的质量。

2. 平行光轴立体系统

如图 26.3 所示,左、右摄像机焦距及内部参数均相等,平行放置,摄像机的 X 轴重合,Y 轴相互平行,即左摄像机沿着其 X 轴方向平移一段距离(称为摄影基线)后可与右摄像机重合,这样的摄像系统称为平行光轴立体系统。

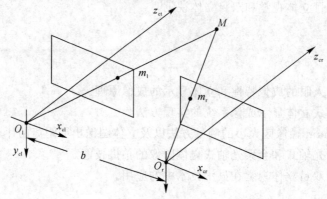

图 26.3　平行光轴立体系统模型

3. 会聚光轴立体系统

图 26.4 是会聚光轴的双目视觉系统结构。左、右两摄像机的光轴成一定的角度布置,采用这种结构形式的摄像机安装方便,可以根据被测对象的特点和系统的要求灵活调节两台摄像机之间的距离及摄像机的倾斜方向,不过该结构不利于左、右图像匹配。

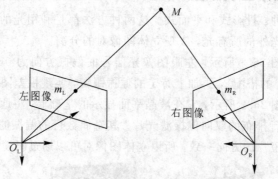

图 26.4　会聚光轴立体系统模型

另外还有一种共光轴立体系统,前、后两台摄像机光轴互相重合,基线距离为两个摄像机成像平面之间的距离。这种结构的优点是有利于实现左、右图像之间的立体匹配。但是在实际应用中,要使前、后两台摄像机的光轴共线是很困难的。同时,处于这种结构中的前、后两台摄像机之间的基线距离必须足够大,才能同时观察到场景的同一部位,而基线距离过大又将产生遮挡现象(即前、后摄像机不能同时拍摄到同一部位,如物体上方的部位后台摄像机可以拍到,但是前台摄像机就拍不到),特别在被测物体三维曲面的曲率较大、变化较剧烈时，情况更严重。由于共光轴方式的体系搭建较为困难，故一般不选用这种方式。

4. 立体视觉的摄像机几何模型

图 26.5 所示为用左、右(L、R 表示)两摄像机观测同一景物时的情形(以平行摄像系统为例)。物体上的点 P 在 L 摄像机中的成像点为 P_L(P 点与透镜中心 C_L 的连线与图像平面的交点)，P 在 R 摄像机中的成像点为 P_R。由光路可逆，若已知图像平面上的一点 P_L 和透镜中心 C_L 可唯一地确定一条射线 $P_L C_L$，使得所有可成像在 P_L 点的物体点必定在这条 $P_L C_L$ 射线上。对于摄像机 R，若能找到成像点 P_R，那么根据第二个图像点 P_R 与相应透镜中心 C_R 决定的第二条射线 $P_R C_R$ 与 $P_L C_L$ 的交点就是物体点 P 的位置。因此，若已知两台摄像机的几何位置，且摄像机是线性的，那么利用三角原理就可以计算物体在空间的位置。射线 $P_L C_L$ 上各点在右摄像机图像平面中的成像是一条直线($P_R P_R'$)，该直线称为外极线(epipolar)。同理，$P_R C_R$ 上各点在左摄像机图像平面中的成像也形成外极线。因此，如果已知空间点在一个图像平面中的成像点要寻找在另一图像平面中的对应点时，只需沿此图像平面中的外极线搜索即可。理想情况下，两摄像机的光轴平行，并且摄像机的水平扫描线位于同一平面时(即理想的平行光轴模型)，设 P 点在左、右图像平面中成像点相对于坐标原点 O_L 和 O_R(O_L 和 O_R 是左、右摄像机透镜光轴与图像平面的交点)的距离分别为 x_1、x_2，则 P 点在左、右图像平面中成像点位置差 $x_1 - x_2$ 被称为视差(disparity)。由图中几何关系得

$$\frac{z-f}{z} = \frac{a}{a+x_2} \tag{26-1}$$

$$\frac{z-f}{z} = \frac{d-x_1+x_2+a}{d+a+x_2} \tag{26-2}$$

由式(26-1)和式(26-2)得

$$a = \left[\frac{dx_2}{x_1-x_2}\right] - x_2 \tag{26-3}$$

将式(26-3)代入式(26-1)得到物点 P 离透镜中心的距离 z 为

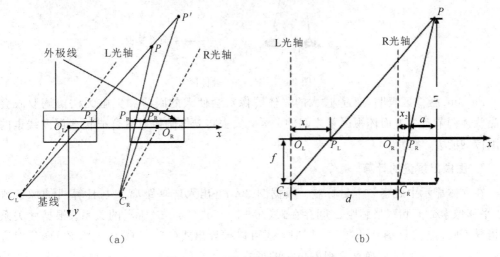

(a)　　　　　　　　　　　　　　　　(b)

图 26.5　双目立体视觉几何模型

$$z = \frac{fd}{x_1 - x_2} \tag{26-4}$$

式(26-4)中，f 为透镜焦距；d 为两透镜中心之间，也就是光轴之间的距离(即"摄影基线")。当摄像机几何位置固定时，视差 $x_1 - x_2$ 只与距离 z 有关，而与 P 点离相机光轴的距离无关。视差越大说明物点离相机越近，反之越远。

5. 双眼融像

双眼融像是大脑将左、右眼的像融合成单一物像的过程。这样将反映真实的空间，并且也减少了大脑对冗余图像的处理。

融像有不同的形式，其中运动融像是指双眼的辐辏反射，使得双眼的对应点重合。感觉融像是视觉皮层的神经生理和心理的过程，将双眼得到的不同图像对视觉空间形成统一的感知。感觉融像要求左、右眼的图像具有相似性，也会因为视网膜像质不等或者运用融像缺失，不能将左、右眼的图形对准而遭到破坏。

6. Pamum 融像区

Pamum 融像区(即双眼单视区)是某一眼睛视网膜的某一区域中的任一点与对侧眼睛视网膜的某一特定点同时受到刺激时，产生双眼单视。这是点与区的对应，不同于点与点的对应。它不但能产生立体视觉，即使在眼动不是很精确时，也能通过融像，不产生复视。在中心凹处，Pamum 区为 $5' \sim 20'$；在周边区域，Pamum 区较大。

如图 26.6 所示，在蓝色线(实线)以外的区域，人眼只能感觉到非交叉复视；在红色线(点划线)以内，人眼只能感觉到交叉复视；而在红色线到蓝色线这个范围内，人眼可以感觉到单一的立体图像，这个区域就是 Pamum 提出的 Pamum 融像区。

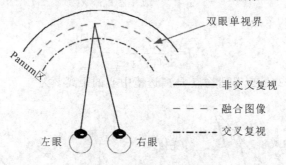

图 26.6　Pamum 融像区

Pamum 融像区表明，视差过大的立体图像对会使人的眼睛和大脑无法协调双眼会聚与晶状体调节等各方面体视因素之间的关系，失去将立体图像对融合成包含深度线索的立体图像的能力。

7. 图像出屏量的计算

在立体显示中观察一个目标物。根据图 26.7，出入屏幕距离 x 与计算机的像素轨距 P、平移像素数 n 和双目瞳距 Δ 间存在式(26-5)和式(26-6)所示的关系。根据此关系可以指导不同视差 3D 图片的制作。同时，还可以推导出式(26-7)，该式将 3D 图片对应的视差从出入屏幕距离 x 换算为视差角 θ 的形式：

$$\frac{x}{L-x} = \frac{D}{\Delta} \tag{26-5}$$

$$n = \frac{D}{P} \qquad\qquad (26-6)$$

$$\theta = 2\arcsin\left[\frac{D}{2x}\right] \qquad\qquad (26-7)$$

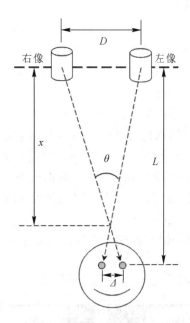

图 26.7 视差关系演示图

三、实验仪器

本实验所用仪器包括：偏振式 3D 显示器、3D 眼镜、控制计算机、CMOS 摄像机（2 台，左、右）、三脚架、拍摄调整架（各旋钮如图 26.8 所示）、卷尺等。

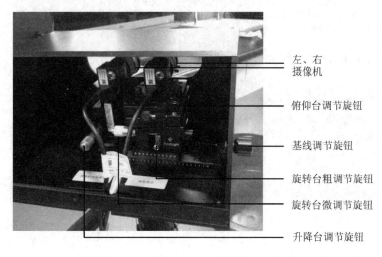

图 26.8 主机结构（包括 CMOS 左、右摄像机，三脚架，拍摄调整架）

四、实验内容及步骤

1. 平行光轴立体系统的调节

(1) 安装摄像头(左右)至调节架,调节左摄像机下的升降台调节旋钮,使得左、右相机的高度一致(目测),调节右相机下的旋转台调节旋钮,使得两者的光轴平行(目测)。(旋钮位置参见图 26.8,其中逆时针拧松旋转台粗调节旋钮后,可手动调节右相机的方位,目测两相机光轴基本平行后旋紧该旋钮。)

(2) 连接摄像头与计算机主机间的数据线,并确认在 USB 端口已插入软件狗。在摄像机正前方一定距离处放置目标(以颚托为目标),并保持位置不变。

(3) 双击计算机桌面上的"StereoCapture"图标,打开立体拍摄软件。点击"预览图像"按钮,使软件的两个工作窗口分别显示左、右两个摄像机捕获的实时图像。

(4) 观察左、右摄像机所拍摄图像的位置是否正确,如果不正确,请将摄像机的数据线交换。

(5) 调节两个摄像机镜头的焦距(即调节摄像机前方镜头上标有 ∞、N 的对焦环),使得相机采集到的目标物图像清晰(见图 26.9)。

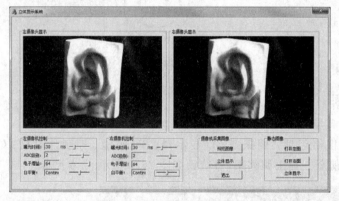

图 26.9 左、右相机显示

(6) 调节两个摄像机的"曝光时间"、"ADC 级别"、"电子增益"使其一致,打开白平衡(见图 26.10)。

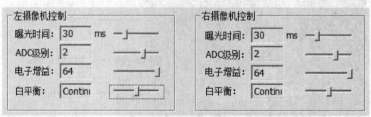

图 26.10 调节相机参数

(7) 调节两个摄像机前方镜头上的光圈,使两者的画面亮度基本一致。

(8) 调节主机右侧基线调节旋钮,选取基线 d 的大小(d 为两镜头间的距离),用钢尺测量摄像机基线中点到目标物距离 z(即镜头到颚托上下颚支撑处的距离)、基线 d,调整

调节架使得基线 d 与距离 z 近似满足 $z=25d\sim30d$ 的倍数关系。

（9）点击软件界面上的"立体显示"按钮，使屏幕进入立体显示状态（见图26.11）。佩戴3D眼镜并使视线与屏幕中心等高，观察立体图像是否融像。

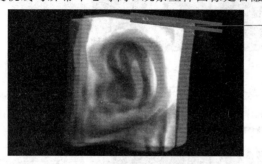

图 26.11　立体显示

（10）调节右相机上偏右侧的俯仰台调节旋钮，使得左、右相机图像上、下边缘重合，消除竖直视差。调节右相机旋转台，使得水平视差近似等于基线 d（见图26.12）。此时佩戴3D眼镜（视线与屏幕中心等高），观察立体图像的融像效果，若不融像，调节基线调节旋钮直至融像。此为平行光轴方式。将手放在两摄像机前端、垂直于基线的方向，观察出入屏效果是否明显。记录 d、z 的数据。

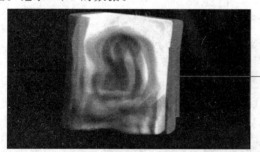

图 26.12　平行光轴方式

（11）调整光圈大小与曝光时间的组合，在保证画面亮度的同时观察不同光圈大小对立体显示效果的影响（见图26.13）。

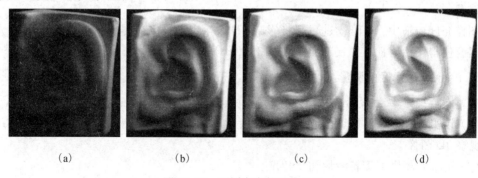

（a）　　　　　　（b）　　　　　　（c）　　　　　　（d）

图 26.13　不同亮度的三维显示

2. 会聚光轴立体系统的调节

（1）在实验1的基础上调整右相机旋转台旋钮，使水平视差为0，即使两个摄像头的焦点在目标物上的同一点或者表面上（见图26.14）。

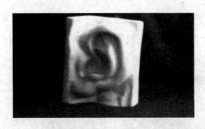

图 26.14　会聚光轴式

（2）在垂直于基线的方向，改变目标物到基线的距离，实现目标物在立体显示中正、负视差的改变，观察对应目标物出屏（见图 26.15）和入屏（见图 26.16）视觉的变化。

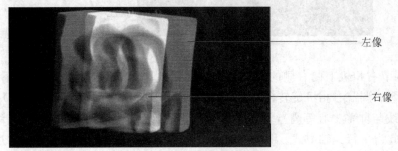

左像

右像

图 26.15　出屏

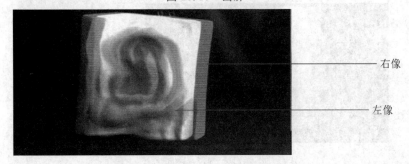

右像

左像

图 26.16　入屏

（3）选取不同基线 d、距离 z 的组合，找到实验者认为最舒适的 d、z 组合并记录。

注意：

图像亮度应适中，过暗或过亮都将影响 3D 效果。实验中应尽量调整曝光时间和光圈大小组合使得图像对比度最高。如图 26.13 中（b）所示。

3. Pamum 融像区的测量

（1）依照实验 2（会聚光轴立体系统的调节）的操作步骤调出立体图像。

（2）让实验者坐在屏幕正前方 50 cm 位置，并使实验者与屏幕中心等高。佩戴 3D 眼镜，观察 3D 图像。

（3）记录右相机下旋转滑块初始角度。

（4）调节旋转台微调节旋钮，从左、右相机图像重合开始逐渐增大视差，直到实验者无法融像。

（5）记录此时旋转滑块读数，求出相机转过的角度，即 Pamum 融像区大小。

（6）将实验者所坐位置向右平移 10 cm，重复步骤（4）、（5）。

（7）对比在屏幕正前方观察与在侧面观察时 Pamum 融像区的大小。

注意：实验结果可以多次测量并取平均值。

4. 出屏距离测量

（1）多次测量实验者瞳孔之间的距离，取平均并记录。

（2）让实验者坐在屏幕正前方某位置，并使实验者与屏幕中心等高。测量此时实验者眼睛与屏幕的距离并记录。

（3）佩戴 3D 眼镜，观察立体图像。在可融像的情况下，调节右相机下的旋转台微调节旋钮，用直尺测量屏幕上两图像的水平视差大小。

（4）由式（26-5）计算此时立体图像出屏距离 x。

（5）调节旋转台微调节旋钮，根据第二次的水平视差计算此时的出屏距离 x。

五、数据处理

（1）记录平行式和会聚式两种方式下的 D、z 数据。

（2）记录在屏幕正前方观察与在侧面观察时 Pamum 融像区的大小。

（3）记录并计算出屏距离（单位为 mm），完成表 26.1。

表 26.1 数据记录表

编号	实验者瞳距 Δ	观察距离 L	视差 D	出屏距离 x
1				
2				

六、思考与讨论

（1）对比平行光轴式和会聚光轴式两种拍摄方式适用的场合。

（2）说明图像画面亮度对立体显示效果的影响。

七、参考文献

［1］王琼华. 3D 显示技术与器件. 北京：科学出版社，2011.

［2］三维摄像与显示综合实验装置. 北京杏林睿光科技有限公司.

［3］李莉，李玉峰，等. 基于数字微镜的旋转体三维显示装置研究. 仪器仪表学报，2008(1)：67-72.

实验二十七　　三维数字化测量

三维数字成像及造型(3D Digital Imaging and Modeling，3DIM)是在综合光学、激光、微电子、计算机等科学技术基础上形成的一门新兴的交叉型高新技术学科。目前国际上对三维数字成像及造型的研究开发相当活跃。

光学动态三维测量仪在三维数字成像系统基础上，以三维建模软件为支撑，构建了基于三维数字成像及造型技术的数字化设计平台，从前端三维数据的获取到后端 CAD 实体模型的重构，形成一套完整系统的数字化设计流程。3DIM 技术在虚拟现实、多媒体技术、计算机辅助教学、远程医学、三维广告制作、计算机几何造型、数字图书馆等领域也有重要的应用价值。

一、实验目的

(1) 深刻理解可见光成像的工作原理和图像的数学表示形式。

(2) 了解主动式双目立体视觉三维测量的原理及其系统结构。

(3) 学习基于平面标定靶的摄像机标定原理，掌握主动双目立体视觉三维测量系统的标定方法和测量方法。

(4) 拓展研究三维数字成像在虚拟现实中的应用。

二、实验原理

1. 双目立体视觉三维系统测量原理与结构

图 27.1(a)为实验装置示意图。该系统由两台 CMOS 摄像机和一台投影仪组成。两台摄像机对称地架设在投影仪两侧。其基本工作原理如下：首先该系统对摄像机进行建模标定，利用标定出的摄像机的内部参数和外部参数，建立空间物体表面三维点与摄像机采集图像平面二维点的对应关系；接着利用投影装置将一组具有不同空间频率和相移的正弦条纹投射到物体表面，同时用摄像机从不同的角度采集携带高度信息的变形条纹图，通过解码变形条纹图可以获得与深度图像对应的绝对相位分布；然后将绝对相位作为空间三维点的标志，来查找三维点 P 在双摄像机成像面上二维的对应点 P_1、P_2，结合标定得到的两摄像机参数和几何参数，最终得到物体表面 P 点的高精度三维数据。

2. 摄像机成像模型

摄像机的理想透视成像模型如图 27.2 所示，图中 O_c 点为成像透视点，$X_iO_iY_i$ 为像平面。由几何光学原理可知，来自物体 M' 的光线一定通过透视中心 O_c，而在像平面形成像点

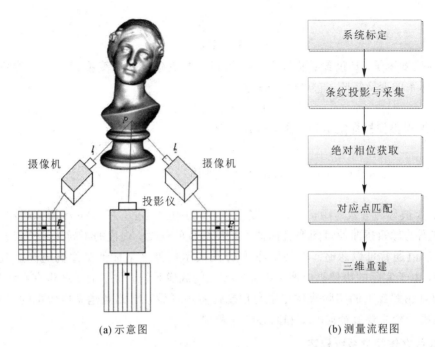

(a) 示意图　　　　　　　　(b) 测量流程图

图 27.1　条纹投影结合立体视觉技术的三维测量系统

m'。从原理图上可以看出，像平面上一点对应着空间中过透视点的一条直线。其中，$O_cX_cY_cZ_c$ 为摄像机坐标系，$O_iX_iY_i$ 为摄像机图像坐标系，$O_wX_wY_wZ_w$ 为物空间的世界坐标系。O_cZ_c 垂直像平面 $X_iO_iY_i$，交点为 O_i。

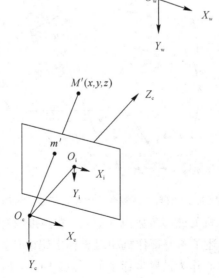

图 27.2　摄像机成像模型

在世界坐标系下，点 M' 用四维齐次坐标 $(x,y,z,1)^{\mathrm{T}}$ 表示，M' 在图像上的对应点 m' 被表示成三维齐次坐标形式 $(u,v,1)^{\mathrm{T}}$。$\boldsymbol{P}$ 表示 3×4 齐次摄像机投影矩阵，则成像过程可表

示为

$$sm' = PM' \tag{27-1}$$

其中，s 为尺度因子；P 包含了从世界坐标系到摄像机坐标系的变换以及从摄像机坐标系到图像坐标系的变换矩阵，它可以分解为

$$P = A[R \mid T] \tag{27-2}$$

矩阵 A 为摄像机标定矩阵，其具体表达为

$$A = \begin{bmatrix} \alpha & \gamma & u_0 \\ 0 & \beta & v_0 \\ 0 & 0 & 1 \end{bmatrix} \tag{27-3}$$

其中，α 和 β 被称为等效焦距；u_0 和 v_0 是主点，γ 为扭曲因子。在 CMOS 摄像机中，γ 表示 CMOS 阵列的像素扭曲使得图像坐标轴不互相垂直的程度，现代的半导体生产工艺已很先进，因此 γ 值通常可以忽略。P 中 R 和 T 分别表示从世界坐标到摄像机坐标的旋转和平移。另外，由于实际的摄像机成像系统并非理想的成像系统，像平面上图像存在成像畸变，使得空间点在图像上的实际成像位置与理想位置不一致，因此需建立摄像机的畸变模型。通常摄像机畸变主要有径向畸变和离心畸变两种。

3. 双目立体视觉系统标定

双目立体视觉系统的标定原理如图 27.3 所示。图中，两个四边形表示两台摄像机的图像平面，带有圆阵列的四边形表示标定靶，作为标定的参考面。为了计算两台摄像机之间的位置关系，需利用上一步两台摄像机的标定结果。

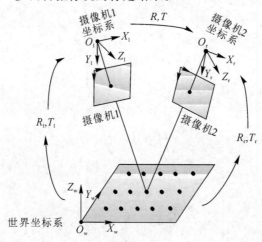

图 27.3　双目立体视觉三维系统标定示意图

假设该系统中左侧摄像机的外部参数为 R_l、T_l，右侧摄像机的外部参数为 R_r、T_r，那么 R_l、T_l 与 R_r、T_r 分别描述了两台摄像机相对于标定靶的位置。在系统标定过程中，将位于标定靶中心处的圆的圆心作为世界坐标系的原点。因此，R_l、T_l 与 R_r、T_r 也表示左、右两摄像机相对于世界坐标系的位置关系。

若空间任意一点在世界坐标系，左、右摄像机坐标系下的非齐次坐标分别为 x_w、x_l、x_r，则

$$x_l = R_l x_w + T_l \tag{27-4}$$

$$x_r = R_r x_w + T_r \qquad\qquad (27-5)$$

这样，便得到某一场景下两台摄像机之间的位置关系。

三、实验仪器

本实验所用仪器为三维测量仪主机、标定板和光学动态三维测量软件。其中，三维测量仪主机(见图 27.4)包括：CMOS 摄像机、定焦镜头、投影仪、三脚架。

图 27.4 三维测量仪正视图

四、实验内容及步骤

1. 系统调节

(1) 调整测量仪主机的水平和垂直角度。

(2) 根据选择的扫描范围调整主机的测量距离，让投影仪投射出来的光正好覆盖标定板的靶面，以便后续标定过程中，能够一次采集靶面上的所有圆点。

(3) 调整投影仪镜头的焦距。调整投影仪镜头时要首先启动扫描模块，打开软件界面。接着投射测试图片至白纸上(或标定板背面上)，调整投影模块镜头焦距使测试图片中的文字最清晰。

(4) 调整两摄像机镜头的焦距。在软件中启动左、右摄像机，让摄像机拍摄到投影模块投出的图案。再调整摄像机镜头焦距，让摄像机拍到的字最清晰。

(5) 调整两摄像机位置和夹角。将摄像机的固定螺丝松开即可调整摄像机夹角，让两个摄像机的光心与投影模块光心之间的距离相等。调整后左、右摄像机的"十"字线与投射出来的"十"字亮线基本重合。

(6) 调整两摄像机镜头光圈。调整摄像机镜头光圈时左、右摄像机曝光时间(亮度)默认值为 60，增益为 8。让投影模块投射正弦光栅图案，调整光圈使条纹不会过曝，且当投射白光时，物体清晰可见。

2. 标定

（1）打开软件，同时将标定靶放置在视场中央，通过软件调整标定靶，保证左、右两侧摄像机能够同时采集所有的圆。

（2）在菜单栏的"系统标定"选项中选择"靶图采集"。

（3）根据提示，进行标定数据采集。实验一共需要进行 6 次采集，每次采集必须保证所有特征点能够被左、右两侧摄像机同时采集。

（4）采集完毕，选择"双目系统标定"项，进行摄像机及系统标定。

（5）计算完毕后，点击"确定"按钮完成标定。保存标定结果界面，打印出来作为测量结果，随实验报告一起提交。

3. 面形测绘图

（1）点击功能按钮区的"测量"按钮，在测量方法中点击"变频光栅投影"按钮。

（2）在弹出的对话框中，设置条纹参数。本实验的投影条纹参数设置一般选择默认值，设置完成后点击"确定"按钮。

（3）点击"测量"按钮。计算过程中，程序会弹出对话框，在此对话框中保存计算得到的三维点云数据的文件命名，然后点击"确定"按钮以完成保存。该过程时间较长（约90 s），请耐心等候。

（4）计算完毕时，软件弹出"计算完毕"的提示，点击"确定"按钮。完成计算之后，程序即可显示物体的三维点云数据，保存该点云图像，打印出来作为测量结果，随实验报告一起提交。

五、数据处理

（1）显示系统标定结果。
（2）显示三维面形测绘图结果。

六、思考与讨论

（1）如果相机角度位置发生变化，在测绘三维面形时是否需要重新进行靶标定？
（2）分析影响测量结果的可能因素。

七、参考文献

［1］崔宏滨. 光学基础教程. 北京：中国科学技术大学出版社，2013.

［2］张广军. 机器视觉. 北京：科学出版社，2005.

［3］夏珉. 激光原理与技术. 北京：科学出版社，2016.

［4］三维数字化测量综合实验. 北京杏林睿光科技有限公司.

实验二十八　光电效应法测定普朗克常数

　　普朗克常数是在辐射定律研究过程中，由普朗克(1858—1947)于1900年引入的与黑体的发射和吸收相关的普适常量。普朗克公式与实验符合得很好。发表后不久，普朗克在解释中提出了与经典理论相悖的假设，认为能量不能连续变化，只能取一些分立值，这些值是最小能量的整数倍。1905年，爱因斯坦(1879—1955)把这一观点推广到光辐射，提出光量子概念，用爱因斯坦方程成功地解释了光电效应。普朗克的理论解释和公式推导是量子论诞生的标志。

一、实验目的

　　(1) 深刻理解光电效应理论。
　　(2) 掌握利用光电管进行光电特性曲线测量和数据处理的方法，并用以测定普朗克常数。
　　(3) 学习利用光电管进行光电效应测量的技巧。
　　(4) 拓展研究光电效应的其它应用。

二、实验原理

　　图28.1为普朗克常数实验装置的光电原理图。卤钨灯S发出的光束经透镜组L会聚到单色仪M的入射狭缝上，从单色仪出射狭缝发出的单色光投射到光电管PT的阴极金属板K，释放光电子(发生光电效应)，A是集电极(阳极)。由光电子形成的光电流经放大器AM放大后可以被微安表测量。如果在A、K之间施加反向电压(集电极为负电位)，光电子就会受到电场的阻挡作用，当反向电压足够大时，达到V_0，光电流降到零，V_0就称作遏止电位。V_0与电子电荷的乘积表示发射的最快的电子动能K_{max}，即

$$K_{max} = eV_0 \qquad\qquad (28-1)$$

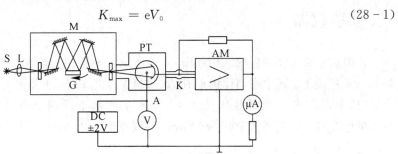

S—卤钨灯；L—透镜；M—单色仪；G—光栅；PT—光电管；AM—放大器
图28.1　普朗克常数实验装置光电原理

按爱因斯坦的解释，频率为 ν 的光束中的能量是一份一份地传递的，每个光子的能量为

$$E = h\nu \tag{28-2}$$

其中，h 就是普朗克常数。他把光子概念应用于光电效应，又得出爱因斯坦方程：

$$h\nu = E_0 + K_{max} \tag{28-3}$$

对上式做出解释如下：光子带着能量 $h\nu$ 进入表面，这能量的一部分（E_0）用于迫使电子挣脱金属表面的束缚，其余（$h\nu - E_0$）给予电子，成为逸出金属表面后所具有的动能。

将式（28-1）代入式（28-3），并加以整理，即有

$$V_0 = \frac{h}{e}\nu - \frac{E_0}{e} \tag{28-4}$$

这表明 V_0 与 ν 之间存在线性关系，实验曲线的斜率应当是 h/e。E_0/e 是常量，因此，只要用几种频率的单色光分别照射光电阴极，做出几条相应的伏安特性曲线（如图28.2所示），然后据此确定各频率的截止电位，再作 $V_0 - \nu$ 关系曲线，用其斜率乘以电子基本电荷 $e = 1.602 \times 10^{-19}$ C，即可求得普朗克常数 h。

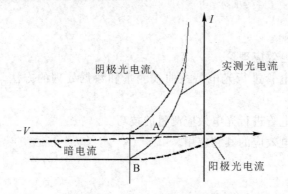

图 28.2　光电管的伏安特性曲线

应当指出，本实验获得的光电流曲线，并非单纯的阴极光电流曲线，其中不可避免地会受到暗电流和阳极发射光电子等非理想因素的影响，产生合成效果。如图28.2表示，实测曲线中光电流为零处（A点）阴极光电流并未被遏止，此处电位也就不是遏止电位，当加大负压，伏安特性曲线接近饱和区段的B点时，阴极光电流才为零，该点对应的电位正是外加遏止电位。实验的关键是准确地找出各选定频率入射光的遏止电位。

三、实验仪器

普朗克常数实验装置的结构如图28.3所示，各器件安装在一个 700 mm × 290 mm × 80 mm 的底座上。其中在箱体内部有 AC 220 V/DC 12 V 开关和 ±5 V 电源；光源采用卤钨灯（12 V，75 W）；聚光器由 $f' = 50$ mm 和 $f' = 70$ mm 两个透镜组成；WGD-100 型光栅式单色仪的波长范围为 200~800 nm，狭缝宽度为 0.3 mm，波长精度为 ±3 nm，波长重复性为 ±1 nm。

接收光信号的探测器为 GD31A 型光电管；直流稳压电源为 ±1.8 V，用数字电压表；测量放大器为电流放大，4 挡倍率转换，磁电式 100 μA 电流计。

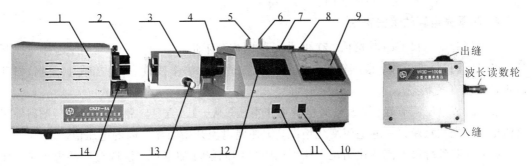

1—卤钨灯箱；2—聚光器；3—光栅单色仪（如右图）；4—光电管盒；5—零点调节；6—电压调节；

7—电流倍率开关；8—电流正负转换开关；9—微安表；10—测量开关；11—光源开关；

12—直流电压表；13—波长调节；14—聚光器横向调节；另有遮光板2个（YGP－2型有1个遮光板）

图 28.3　普朗克常数实验装置

四、实验内容及步骤

1. 接通"光源"

按下"光源"开关，接通卤钨灯的电源，松开聚光器紧定螺丝，伸缩聚光镜筒，并适当转动横向调节纽，使光束会聚到单色仪的入射狭缝上（按下"测量"开关，以电流表指示最大为准）。

2. 单色仪的调节

（1）将单色仪的波长读数装置（即螺旋测微器，如图28.4所示）置于"0"位（即将鼓轮上的0线与小管的横线在"0"上重合），电压置于零位。然后轻微左右转动鼓轮，使电流表的指示值在变化范围内最大。若鼓轮上的0线与小管的横线在"0"上重合，说明零级光谱位置正确，当二者不重合时，要判断误差的正负，在读取波长读数时予以修正。

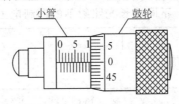

图 28.4　单色仪的波长读数装置（螺旋测微器）

（2）单色仪输出的波长示值利用螺旋测微器读取。如图28.4所示，读数装置的小管上有一条横线，横线上刻度的间隔对应着50 nm的波长。鼓轮左端的圆锥台周围均匀地划分成50个小格，每小格对应1 nm。当鼓轮的边缘与小管上的"0"刻线重合时，单色仪输出的是零级光谱；而当鼓轮边缘与小管上的"5"刻线重合时，波长示值为500 nm。

3．调节测量放大器的零点位置

通电预热20～30 min后，调节测量放大器的零点位置。先将电压表调至0 V，再将单色仪前的挡光板置于挡光位置，光电管的遮光罩要向左推到头，然后微调零点调节纽，使电流表指向零位。

4. 测量光电管的伏安特性

(1) 打开单色仪前的挡光板，在可见光范围内（例如 400～600 nm 之间）选择一种波长，将电压调到 -1.3 V。根据微安表指示，设置适当的倍率按键（10^{-4} 挡或 10^{-5} 挡）和电流正负转换开关状态。

(2) 调节电压调节旋钮，改变光电管遏止电压。从 -1.3 V 起，缓慢（顺时针）调高外加直流电压，先注意观察一遍电流变化情况，记住使电流开始明显升高的电压值。

(3) 针对各阶段电流变化情况，分别以不同的间隔施加电压，读取对应的电流值。在第(2)步观察到的电流起升点附近，增加监测密度，以较小的间隔采集数据（电流转正后，可适当加大测试间隔，电流可测到 $9 \times 10^{-4} \mu A$ 左右）。

(4) 陆续选择适当间隔的另外 3 种波长光进行同样测量，列表记录数据。

注意：

(1) 测微电流时必须确认表针停稳后才可以读数。

(2) 实验中要注意可能出现的微安表指针的漂移现象。短时间的漂移，实验可暂停片刻；对数据有较大影响时，部分测量可以重做；若电网电压波动较大，卤钨灯宜配接交流稳压器。

(3) 为避免因更换倍率造成误差，在测量某一波长的光电流曲线时，尽量不变更倍率。

五、数据处理

(1) 分别做出被测光电管在 4 种波长（频率）光照射下的伏安特性曲线，并从这些曲线中找到遏止电位，填入表 28.1 中。

提示： 作 GD31A 型光电管伏安特性曲线，若用到红光波段，随着频率的降低，遏止电位倾向于从曲线的"拐点"逐渐向上偏移。

表 28.1　不同波长光照射下的遏制电位数据表

波长 λ/ nm					
遏止电位 V_0/ V					

(2) 根据表 28.1 数据作 $V_0 - \nu$ 关系图，并拟合为一直线，说明光电效应的实验结果与爱因斯坦光电方程的符合程度（$V_0 - \nu$ 的拟合曲线越接近于一直线，说明符合程度越好）。用该直线的斜率 $\dfrac{\Delta V_0}{\Delta \nu}\left(= \dfrac{h}{e}\right)$ 乘以电子电荷 e（1.602×10^{-19} C），求得普朗克常数。

(3) 将普朗克常数与公认值（$h = 6.63 \times 10^{-34}$ J·s）进行比较，分析误差。（提示：见图 28.5）

六、思考与讨论

(1) 什么是光电效应？它说明了光具有什么性质？

(2) 分析实验中可能影响实验结果的原因。

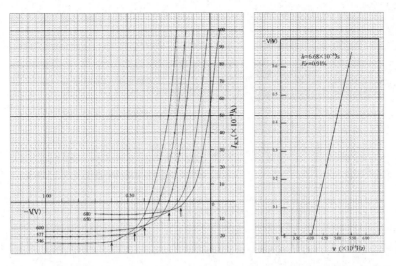

（1）实测光电管伏安特性的 I-V 曲线　　　（2）V_0-v 图及所得普朗克常数

图 28.5　实验结果图例

七、参考文献

[1] 刘俊星. 大学物理实验实用教程. 北京：清华大学出版社，2012.

[2] 杨志文. 物理光学实验. 北京：国防工业出版社，1998：213－223.

[3] 普朗克常数实验装置使用说明书. 天津港东科技发展有限公司.

[4] 王栋，张云云，谷剑飞，等. 基于 Matlab 光电效应测量光速的新方法研究. 大学物理实验，2014(4)：101－103.。